KB116510

OLLY'S COFFEE CLASS

올리의 커피 교실

《猫头鹰的咖啡馆》

作者：佐拉

올리의 커피 교실

지은이 졸라(Zola)
옮긴이 김미선
펴낸이 임상진
펴낸곳 (주)넥서스

초판 1쇄 발행 2017년 3월 30일
초판 6쇄 발행 2021년 8월 6일

2판 1쇄 발행 2022년 11월 30일
2판 2쇄 발행 2022년 12월 5일

출판신고 1992년 4월 3일 제311-2002-2호
10880 경기도 파주시 지목로 5 (신촌동)
Tel (02)330-5500 Fax (02)330-5555

ISBN 979-11-6683-364-9 13590

www.nexusbook.com

+쓸데없이 재밌는 커피 가이드+

OLLY'S
COFFEE CLASS
올리의 커피 교실

WRITER
졸라 Zola

TRANSLATOR
김미선

넥서스BOOKS

부엉이 카페에
오신 것을
환영합니다

여기, 진지한 커피 철학이나 그럴싸한 철칙 같은 건 없습니다. 취미, 볼거리, 재미있는 커피 이야기 그리고 커피에 대한 지극히 주관적이고도 얕은 견해들이 있을 뿐입니다. 또한 커피에 대한 학술적인 이론 같은 걸 철저히 고증해본 적도 없습니다. 저는 정통 라테 아트 바리스타도 아니고 하루에 에스프레소를 몇 잔씩 마시는 커피 마니아도 아닙니다. 커피에 관한 책을 섭렵하고 공부한 이론에 빠삭한 사람은 더더욱 아닙니다. 저는 프리랜서 일러스트레이터입니다. 그저 제가 그린 일러스트를 통해서 더 많은 커피 입문자들이 부담 없이 커피를 즐기고 이해할 수 있기를 바랄 뿐이지요. 그것이 바로 제가 이 카페(《올리의 커피 교실》에서 문을 연 부엉이 올리의 카페를 말함)를 연 진정한 목적입니다.

내가 맨 처음 마신 커피는 어쩌면 여러분과 마찬가지로 유명 브랜드의 믹스 커피였을 것입니다. 시험 공부할 때 '싼허이'(三合一: 커피, 설탕, 프림 셋이 모여 하나라는 뜻. 중국어로 '믹스 커피'를 일컫는 말 _역주)를 마시면 정신이 번쩍 들었지요. 이후 들어온 스타벅스는 내게 커피뿐만 아니라 친구, 동료, 연인들과 어울릴 수 있는 근사한 만남의 장소를 제공해 주었습니다.

그런데 시간이 흘러 전문 프리랜서 만화가 겸 일러스트레이터로 살면서부터는 건물 아래 스타벅스에 내려가 커피 한 잔 사 마시는 일조차 쉽지 않아졌답니다. 그래서 그때부터 직접 커피를 내려 마시기 시작했지요. 그러다 보니 드립 커피에 빠져들어 핸드 드립, 프렌치프레스, 모카 포트, 사이펀 등 내로라하는 기구들을 전부 사들이게 되었습니다. 이때부터 걸핏

하면 친구들을 불러다가 커피를 대접하면서 은근히 나의 커피 지식을 자랑하기 시작했습니다.

이렇게 커피는 점차 내 생활 속에 깊숙이 파고들었습니다. 어떤 마법과도 같은 힘이 있는 것인지… 이제 저는 커피 없이 살 수 없을 것 같습니다. 많이들 알다시피 디자인 계통의 일은 시간 소모가 많고 스트레스 또한 만만치 않습니다. 창의력에서 출발하여 그림과 그래픽을 거쳐 마침내 하나의 작품을 탄생시키기까지 매 순간 카페인의 자극을 필요로 합니다. 그래서 작업량이 많아질수록 점점 더 커피에 '중독'되어 갔습니다.

그러던 어느 날 오후, 나른한 햇살을 만끽하며 직접 핸드 드립한 에티오피아 이르가체페를 한 잔 마시다가 이런 생각이 들었습니다. '커피를 이렇게나 좋아하는데 재미있는 일러스트를 곁들여 커피 서적 하나 내보는 건 어떨까? 더 많은 사람이 커피를 즐기게 된다면 꽤 멋진 일 아닐까?'

그렇습니다. 많은 이들이 커피를 사랑하도록 만드는 일은 생각만 해도 짜릿했습니다. 그렇게 해서 전 이 책을 집필하기로 결심했고, 이 창작에는 그러한 저의 소박한 소망이 들어 있는 셈입니다. 당신이 커피를 좋아하고 관심이 있다면 주저하지 말고 '부엉이 카페'의 문을 열고 들어오기 바랍니다. 부엉이 올리(Olly)가 흥미진진하게 들려주는 커피 이야기, 듣고 싶지 않으신가요?

-2012 졸라-

Contents
차례

커피, 너란 녀석

커피란,

한 잔 마시면서

천천히 이야기해야 하는 것

"내가 집에 없다면 카페에 있을 걸세.

만일 카페에 없다면 카페 가는 길에 있는 걸세."

이 말을 발자크가 남겼다고도 하고, 비엔나의 한 예술가가 여자 친구에게 쪽지로 남겼다고도 한다. 누가 남긴 말이든 서양인의 삶 속에서 카페가 차지하는 위치를 쉽게 짐작할 수 있는 말이다.

오늘날 커피 문화는 세계 속에 굳건히 자리매김했다. 어떤 이들에게 커피는 없어서는 안 될 생활의 일부분이다. 카페 문화역시 삶의 태도나 품격의 상징이 되었다. 카페에서 어떤 사람은 커피를 마시며 거리에 오가는 이들을 바라보기도 하고, 어떤 사람은 친구들과 모여서 한담을 나누기도 하며, 또 어떤 사람은 커피 한 잔을 시켜놓고 무언가에 열중하거나 하염없이 사색에 잠기기도 한다.

"너 호흡 가다듬는 거야? 카메라 일단 끌까? 잠깐 쉬었다 찍을까?"

어떤 이야기부터 시작해야 할까?

커피, 과일 열매에서 시작되다

옛날, 머나먼 에티오피아라는 나라에서 부엉이는 코알라와 같은 부류였다. 매일 아침 일찍 일어나자마자 곧바로 또다시 낮잠에 빠져들 만큼 아주 게으른 동물이었다.

그러던 어느 날…

부엉이는 금단의 열매를 훔쳐 먹었다.

그날 이후, 쉴 새 없이 밤을 지키게 되었다.

"하하하하…"
에구에구, 정말 못 참겠네.

PART
ONE

커피의
과거와 현재

Story of Coffee

★

Chapter 1

커피의 유래

커피, 과일 열매에서 시작되다

6세기경 에티오피아,

양떼가 먹은 붉은 열매

커피 이야기는 산양들의 춤에서 시작되었다.

6세기경 아비시니아(Abyssinia, 오늘날 에티오피아)에서 산양 한 마리가
나무 위의 붉은 열매를 먹은 후, 무리를 이끌고 춤을 추기 시작했다.

양떼의 주인인 칼디(Kaldi)는 잠시 어리둥절해하다가
이렇게 양들이랑 놀고 있을 때가 아니란 생각에 정신을 번쩍 차렸다.

원인을 찾아보니 산양들이 나무 위 붉은 열매를 먹고 난 이후부터
평소와 달리 매우 흥분했던 거다.

그래서 자기도 먹어보았는데… 그 결과…

그 역시 광란의 스텝에 빠져들고 마는데…

칼디는 근처 수도원의 수녀들에게 재빨리 이 소식을 전했다.

수녀들은 깜짝 놀랐다. 평범해보이는 이 붉은 열매가
정말 기분 좋게 해주고 활력을 북돋워준다는 말인가?
그래서 그들도 시험 삼아 먹어보았다. 그 결과…

이때부터 수녀들도 이 마법의 열매를 열렬히 사랑하게 되었다.
허리도 안 아프고, 다리도 안 아프고, 성경도 힘차게 낭독할 수 있었다.
이것이 바로 인류가 처음 발견한 커피나무와 커피 열매에 대한 전설이다.

커피의 비밀

커피와 관한 최초의 문헌은 기원 전 900년경에 등장한다. 페르시아(오늘날 이란)의 의사 라제스(Rhazes, 864–924)가 쓴 의학 서적에 커피를 약으로 썼다고 기록되어 있다.

커피나무 열매를 달여서 즙을 낸 후 환자에게 마시게 하면 소화, 강심, 이뇨 등의 효능이 있는데, 이 약을 '분컴'(bunchum: 붉은 열매 'berry'와 갈색 즙 'brew'의 합성어로 커피 즙을 뜻함)이라 불렸다. 이는 오늘날 커피의 원형으로 알려져 있다. 문헌에서 알 수 있는 것처럼 커피는 당시 의약품으로 취급되었다. 물론 그 당시에는 원두 로스팅 같은 기술이 없었기 때문에 대부분 열매를 달여서 즙으로 짜서 복용했다.

하지만 오늘날, 커피는 더 이상 약품이 아니라 음료다. 대략 13세기 중반부터 15, 16세기까지 커피는 에티오피아에서 아라비아 지역으로 전파되면서 교역이 이루어졌다. 최초로 커피 원두 로스팅 기술을 터득하고 그 탁월한 커피 향을 맡은 사람은 바로 이 시기의 이슬람교도였다.

★ 이것이 최초의 카페 즉 '길거리 카페'라고 전해진다.

북아메리카

카리브 해

마르티니크

라틴
아메리카

Coffee
World
Map

16세기에 이르러 커피는 아라비아 지역에서 세계 각지로 전해졌다.

오스만 제국의 수도 콘스탄티노플(오늘날 이스탄불)에 유럽의 첫 카페가 출현한 때부터 커피 문화가 유럽 전역에 퍼지기까지, 네덜란드 커피 시장의 독과점부터 유럽 열강의 쟁탈전까지, 라틴 아메리카 식민지의 독립 선포부터 커피 산업이 라틴 아메리카 독립 이후의 주요 경제 수입원이 되기까지 이 모든 것은 커피와 커피 재배가 차츰 세계 각지로 확산되어 갔음을 설명해준다. 더불어 커피라는 음료 역시 점차 세계인에게 익숙해져 갔다.

이때부터 신비한 음료, 커피는 세계 각국의 사람들을 하나로 연결시켜 주었다.

★★

Chapter 2

천년을 이어온
신비한 커피콩

coffee beans

세계인을 열광하게 만드는 이것

세계인의 활력을 되찾아주는 이것

그건 바로 신기한 콩, 커피콩

아프리카와 라틴 아메리카 사람들에게 무한한 삶의 터전을 제공하는 이 열매는 지역 풍토를 듬뿍 머금고 자라나 또다시 지역 사람들을 길러내는 것으로 보답한다. 이곳 사람들에게 이 열매는 보물이자 신이다.

신으로부터 그토록 막강한 능력을 받은 이 열매는 대체 어떤 열매인가?

이쯤에서 일단 우리 모두 다 같이 열매에 대해 얘기해보자.

커피
열매

짠~!

먼저 커피 열매에 대해 알아보기로 한다. 우리가 커피를 마실 때 분쇄하는 커피는 원래 붉은색 열매에서 생두 이외 과육 부분을 제거해 낸 것이다.

이 붉은색 열매는 커피 체리(coffee cherry)라고 불린다. 열매의 색깔이 숙성도에 따라 변하는데 녹색에서 점차 황금색으로 변했다가 마지막에는 다시 체리처럼 붉은색으로 변하기 때문에 이런 이름이 붙여졌다.

일반적으로 커피 열매 한 알에 두 쪽의 커피콩이 들어 있다. 커피 열매의 펄프, 펙틴, 내과피(파치먼트)를 벗겨 내면 마주 보고 자란 두 쪽의 콩이 나온다. 한쪽 면이 평평하기 때문에 '플랫 빈'이라고 부른다.

또한 성장 조건과 유전자 형태에 따라 열매 안에 하나의 콩만 있는 경우도 있다. 크기가 플랫 빈보다 작고 모양도 둥글다. 이 둥근 콩을 '피베리'(peaberry)라고 부른다.

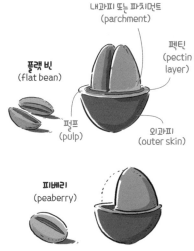

내과피 또는 파치먼트
(parchment)

펙틴
(pectin layer)

플랫 빈
(flat bean)

펄프
(pulp)

외과피
(outer skin)

피베리
(peaberry)

생두
가공

'생두 가공'이란 무엇인가? 수확한 열매에서 생두 이외 불필요한 과육 부분을 제거하고 껍질을 벗겨내는 과정을 정제 또는 가공이라고 한다. 대략 네 가지의 가공 방식이 있는데 이 과정이 원두의 품질을 좌우한다.

1. 자연 건조 (natural) 방식
가장 전통적인 가공 방식

수확한 열매를 햇볕 아래 펼쳐놓고 건조하는 동시에 과육과 껍질을 탈각시키는 방식이다. 대규모 공간과 많은 시간, 매우 복잡한 절차가 필요하기 때문에 덜 익은 열매나 불순물이 섞일 염려가 있다. 따라서 엄격한 수작업을 거쳐 잘 분류해야 한다. 마치 예전에 학교에서 전교생이 중간체조를 할 때, 딴짓하면서 머릿수만 채우고 있던 애들이 몇 명 꼭 있었던 경우와 비슷하다. 결국 걸려서 따로 특훈을 받는데 앞에 나온 시

범 조교가 이렇게 외친다. "햇빛 건조장, 장장 180일! 바로 여기서!"

2. 펄프드 내추럴(pulped natural) 방식
펄핑 후 건조하는 방식

물에 가볍게 씻고 펄핑(pulping: 껍질과 과육 제거) 후, 끈적끈적한 점액질과 함께 햇볕에 건조시키는 방식이다. 마치 콩들이 일광욕을 즐기는 것에 비유할 수 있다. 자연 건조 방식에 비교하면, 덜 익은 열매가 섞일 확률이 적기 때문에 더욱더 단맛을 지닌 커피를 만들 수 있다.

3. 워시드(washed) 방식
물로 씻은 후 건조하는 방식

커피 체리 수확 후, 물이 담긴 탱크에 넣고 덜 익은 열매와 불순물 등을 따로 뺀다. 그다음 기계를 이용하여 과육과 과실 내부의 점액질을 제거한다. 남아 있는 체리를 수로를 통해 발효탱크로 옮겨서 발효시킨다. 발효가 끝난 콩은 햇볕에서 말리거나 건조기에서 말린다.

이건 마치 콩들이 목욕하는 것과 같다. 탕 속에 계속 잠겨 있다 보면 묵은 때와 각질이 사라지는 것처럼 말이다. 맑고 깨끗한 커피 맛을 낼 수 있어서 가장 많이 사용되는 방식이다.

그러나 워시드 방식은 발효와 세척 과정에서 많은 물을 소비하기 때문에 아프리카와 같은 물 부족 국가에는 적합하지 않은 방식이다.

4. 세미 워시드(semi washed) 방식
발효과정을 생략한 수세식

과육 제거기를 이용하여 껍질과 과육 부근의 점액질을 모두 제거하고 파치먼트(내과피)만 남은 상태에서 건조시키는 방식이다. 발효과정이 생략되기 때문에 효율성이 높다.

마치 시험장에 참고 자료나 컨닝 페이퍼 없이 들어가는 기분이랄까. 워시드 과정과 비교했을 때 물이 많이 필요하지 않고 환경 문제도 발생하지 않지만 향과 맛은 워시드 과정에서 나온 원두와 비슷하다.

분류

커피 열매를 가공하고 나면 이어서 분류 단계로 넘어간다. 분류하기 전에 먼저 생두가 무엇인지 한번 알아보자. 우리가 수확한 커피 체리를 네 가지 가공 방식 중 하나를 거쳐서 가공한 후에 얻어낸 콩을 생두라고 부른다.

분류란 이 생두 중에서 외관상 보기 좋지 않거나 흠이 있는 콩을 선별해낸 후 다시 생두의 크기, 색상, 밀도 등을 기준으로 등급을 나누는 것을 말한다.

일부 지역에서는 플랫 빈인지 피베리인지도 분류 기준으로 삼는다. (예를 들어 하와이 코나의 경우 피베리만 따로 모은 것을 최상품으로 친다.) 마지막으로 각기 밀봉된 포대에 포장하여 커피 소비국에 수출한다.

《콩돌이의 운명》

제1장

주연 : 플랫 빈, 피베리

이것이 바로 콩돌이의 운명!

커피 생두가 세계 각지로 출하되기 전, 현지의 커피 농업협회
나 가공 공장이 커핑(cupping), 즉 시음을 한다. 커피콩의 향
과 맛에 문제가 없는지, 수출 규격에 맞는지 등을 재차 확
인하고 최종적으로 세계 각지의 주문자에게 전달된다.

커핑의 목적은 첫째, 과학적인 방법으로 커피의 품질을 평가하
기 위함이다. 둘째, 생산지는 같지만 로스팅 방식에 따라 다른 생두에 대해 커핑을
함으로써 어떤 종류의 로스팅 방법과 로스팅 강도를 적용하는 게 가장 좋을지 판단
하기 위함이다. 셋째, 생산지는 다르지만 로스팅 방법, 로스팅 강도가 동일한 생두의
경우 어느 산지의 콩이 가장 우수한지 평가하기 위함이다.

커핑에 필요한 준비물

1. 감별해야 할 4–5종류의 원두와 숙두(생두와 가공두)
2. 그라인더(분쇄기), 접시, 유리잔, 스푼, 빈 공기, 저울, 포트, 물
3. 감별표(1인 1장), 감별사

커핑 순서

1. 네 종류의 원두와 숙두를 접시에 담는다. (원두와 숙두 각각 4종) 각각의 원두와 숙두 접시 옆에 유리잔, 스푼, 빈 그릇을 놓는다.

2. 원두와 숙두가 담긴 접시를 하나씩 차례로 들어서 향과 맛을 음미하며 곰팡이 난 것은 없는지, 숙두의 향이 어떠한지 평가하여 감별표에 각각의 향을 기록한다.

3. 서로 다른 종류의 원두를 분쇄한 후 8~10g의 커피가루를 각각의 유리잔에 넣고 92도 정도의 뜨거운 물을 120~150㎖ 부어준다. 잠시 커피가루가 침전할 때까지 기다렸다가 그 용해도를 관찰한다.

4. 두껍게 올라온 커피 표면을 스푼으로 가볍게 저어주고 코에 가져다 대며 향을 맡은 후 감별표에 기록한다.

5. ① 스푼으로 잔 위에 올라온 거품을 걷어낸 후, 한 스푼을 입안에 떠 넣는다. 이때 각별히 유의할 점은 커피가루를 입안으로 빨아들일 때 '후루룩' 소리가 나야 하며 절대로 목구멍 안으로 삼켜서는 안 된다. ② 혀끝으로 커피 액을 앞니 부근에 골고루 묻혀가며 그 맛을 평가한다. ③ 커피 액을 입안에서 한 바퀴 빙빙 돌린 후 다시 한번 그 맛을 음미한다. ④ 입안에 있던 커피 액을 옆에 있는 빈 그릇에 뱉는다.

6. 감별표에 각 단계별 특징과 맛을 기록하여 완성한다.

감별표에 주로 기록되는 항목

1. 향기(fragrance): 가루 상태의 커피 향
2. 향미(aroma): 물에 젖은 커피의 향
3. 무게감(body): 입안에서 느껴지는 커피 액의 질감
4. 풍미(flavor): 커피를 목 안으로 넘길 때의 맛
5. 산미(acidity): 밝고 명랑한 생동감을 부여하는 커피의 신맛
6. 단맛(sweetness): 커피 액이 입안을 돌고 난 후 남겨지는 단맛과 강도
7. 뒷맛(aftertaste): 커피를 뱉어낸 후 입안과 뒤쪽에 느껴지는 향

미국스페셜티커피협회(SCAA)의 감별표는 훨씬 더 상세하다. 위에 언급한 항목 이외에도 균일성(uniformity), 투명도(clean cup), 질감(mouth feel), 커퍼(커피테이스터)의 주관적인 인상(overall), 오염도(taint), 결점(fault) 등의 항목에도 점수를 매긴다. 따라서 커핑은 지극히 과학적인 방법을 통해 커피의 풍미와 맛을 감별하여 커피의 품질을 판정하는 과정이라 할 수 있겠다.

로스팅

Roasting

생두만으로는 커피를 즐길 수 없다. 생두를 가열하여 볶아야만 탁월한 맛과 향이 생긴다. 로스팅 과정은 전체 커피 제조과정에서 매우 중요한 단계다.

로스팅 방법과 강도에 따라 원두의 풍미가 확연히 달라진다. 똑같은 생두여도 어떤 로스팅 방식을 채택하느냐에 따라 최종적인 맛과 풍미가 천차만별이다.

라이트 로스트 ★ light roast

시다

최약배전
LIGHT

가장 약한 로스팅
산미 강함, 향미 약함
커피의 중후함과 쓴맛이 거의 없음
분쇄하여 마시기에 적합하지 않음
일반적으로 시음에 사용

약배전
CINNAMON

외관상 시나몬(계피)색이
난다고 하여 시나몬이라 함
신맛 강렬, 향미 보통
주로 아메리카노용으로 적합

036

약강배전

MEDIUM

향기롭고 순함
밤색, 산미 좋음
단품, 블렌딩 모두 적합

중약배전

HIGH

미디엄 로스트 중에서
약간 강한 로스팅
갈색, 산미와 쓴맛이
균형을 이룬 조화로운 맛

중중배전

CITY

중간 정도의 로스팅
진한 갈색
쓴맛이 진하여 산미가 거의 없음
가장 인기 많은 로스팅 강도

중강배전

FULLCITY

약간 강한 로스팅
초콜릿 색
산미 없는 쓴맛 위주
아이스커피용으로 적합

강배전

FRENCH

프랑스식 강한 로스팅
흑갈색, 독특한 향미
쓴맛이 비교적 강함
표면에 기름기가 낌
주로 프랑스식 카페오레나
비엔나커피에 사용

최강배전

ITALIAN

가장 강한 로스팅
거의 검은색
강렬한 향기
쓴맛이 강함, 기름기 많음
이탈리아 에스프레소
계열에 사용

주로 사용되는 8가지 로스팅 방식을 알아보았다. 앞서 말한 대로 로스팅 강도와 커피의 풍미는 밀접한 관계를 갖고 있다. 로스팅 강도가 다르면 맛도 달라진다. 따라서 로스팅 강도는 커피 맛을 판단하는 중요한 기준이 된다.

간혹 이런 질문을 하는 사람이 있다.
"왜 프렌치 단계 원두가 종종 이탈리안 단계보다 더 강한 맛이 나는가?"

확실히 그런 경우가 있다. 일부 프랑스 카페에서는 카페오레를 제조할 때 사용하는 원두를 이탈리안 단계보다 더 강하게 로스팅한다. 그 이유는 카페오레에 다량의 우유가 들어가기 때문에 원두를 강하게 볶는 것이다.
다른 이유는 최근 이탈리안 에스프레소를 마시는 사람들의 입맛이 변했기 때문이다. 예전에는 사람들이 아주 강한 이탈리안 단계의 로스팅을 거친 에스프레스를 선호했다. 하지만 요즘에는 사람들이 다소 약한 이탈리안 로스팅을 선호한다. 그래서 때때로 프렌치 단계보다 강한 맛이 덜하다. 결국 커피를 마시는 사람들의 기호 변화에 따른 것이다.

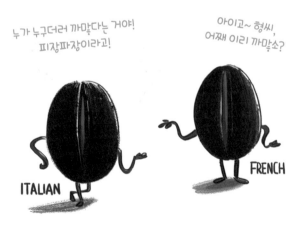

★ 프랑스인과 이탈리아인이 왜 서로 못마땅해 하는지 이제 알겠죠?

로스팅이 끝난 원두를 분쇄한 후 각종 기구(커피 머신, 핸드 드립, 프렌치프레스, 에어로프레스, 사이펀 등)를 통해 추출한다. 이때 소요 시간에 따라 자신만의 독특한 커피가 완성된다.

추출

★ 5부에 나오는 '올리의 커피 교실'에서 각종 커피 기구를 상세히 소개해 드릴게요.
  흥미로운 기구들을 이용해서 맛있는 커피를 추출하는 방법도 알려드리려고 해요.

★ ★ ★

Chapter 3

커피콩 전쟁

원두의 양대 가문,

아라비카와 카네포라

가문의 역사를 파헤쳐보자.

원두의 양대 가문은 아라비카(Arabica) 가문과 카네포라
(Canephora) 가문이다. 카네포라는 일반적으로 로부스타
(Robusta)라고 불리는데 사실 로부스타는 카네포라에 속
한 가문이다. 로부스타가 널리 알려져서 오늘날 카네포라의 대
명사가 되었다.

이 둘의 출신을 이미 눈치챈 이들도 있을 것이다. 아라비카 품종이 귀족 가문 출신이
라면 카네포라 품종은 시골 가문 출신이라고 할 수 있다. 왜 그럴까?

왜 아라비카 품종을 귀족에 비유하나 하면 이 품종이 꽤나 귀하신 몸이기 때문이다.
아라비카 가문 구성원들은 해발 600–2200m의 고산지대에서 살면서 토양과 일조
에 대한 요구가 매우 까다롭다. 토양이 비옥하지 않으면 근처에 얼씬거리지도 않을
뿐 아니라 일조 시간이 충분하지 않으면 자라날 생각을 않는다. 그밖에 성장주기도
길어서 무려 5년이 걸려야 수확할 수 있으니 대학 학사, 석사과정을 연속해서 공부
하는 셈이다. 더구나 병충해에 약해서 시시때때로 '집사'의 세심한 보살핌을 받아야
하는, 그야말로 금지옥엽이 아니고 무엇이겠는가!

카네포라 가문은 상대적으로 서민적이다. 아라비카 품종이 병충해에 시달리는 동안 카네포라 품종은 묵묵히 최전선을 지킨다. 이 집안 구성원은 해발 800m 이하에 살며, 병충해에 강하고 자연 환경에 대한 요구 조건도 까다롭지 않아서, 특별히 정성스러운 손길이 필요하지 않다. 또한 파종 후 대략 2년 정도면 수확할 수 있다.

귀하신 아라비카 품종은 시중들기가 영 힘들지만 그 대신 맛은 꽤 훌륭하다. 대다수의 고급 커피는 아라비카 품종으로 구성된다. 반대로 카네포라 품종은 재배가 쉽지만 맛이 평범하고 맛의 차이가 크지 않아서 인스턴트커피 제조용으로 많이 쓰인다. 원두 품질이 고급인가 아닌가 하는 것은 어느 정도 재배 기간과 관련 있어 보인다.

커피
DNA

아래 그림을 통해서 아라비카 품종과 카네포라 품종의 성분을 알아보고 그 차이점 또한 살펴보자.

아라비카

늘씬한 타원형이다. 카페인 함량은 낮은 편이며 지방 함량은 높다. 당분(사카로즈) 함유량이 카네포라보다 높아서 입안에서 느껴지는 질감이 풍부하고 진하다. 다채롭고 감미로운 향기가 코를 즐겁게 한다.

단백질
11~14%

지방
10~20%

'엄친아'

카페인
0.9~1.4%

클로로겐산
5~8%

다당류
35~45%

기타 산
2%

아라비카
Arabica

당
5~10%

지방
7~10%

카페인
≥2%

'귀요미'

클로로겐산
7~11%

당
3~7%

기타 산
2%

단백질
10~13%

다당류
35~45%

카네포라
Canephora

카네포라

단신에 왜소하다. 둥글고 윤이 나며 짧은 타원형이다. 카페인 함량은 아라비카의 두 배다. 지방은 아라비카보다 적고 당분(사카로즈)도 역시 적어서 약간 쓰다. 살짝 보리 맛이 나기도 한다.

커피 지대

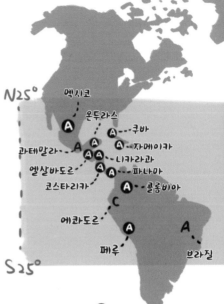

N25°
멕시코
온두라스
쿠바
과테말라
자메이카
니카라과
엘살바도르
파나마
코스타리카
콜롬비아
에콰도르
페루
브라질
S25°

Ⓐ 100% 아라비카
Ⓒ 100% 카네포라

아라비카 품종과 카네포라 품종의 재배 지역이다. 대부분 기후가 온화한 지방인데 주로 적도를 중심으로 남위 25도와 북위 25도 사이에 분포한다. 그래서 이 지역을 '커피 지대'라고 부르기도 한다.

하지만 커피 지대 내에서도 아라비카와 카네포라는 같이 살지 않고, 자신에게 적합한 환경에 따라 산다.

아라비카

카네포라

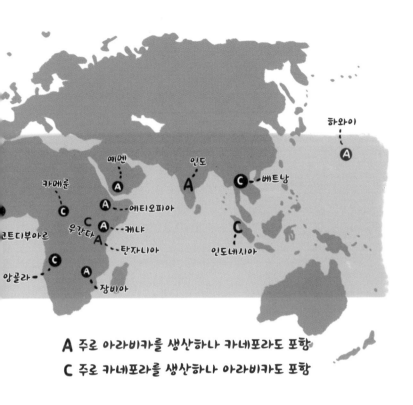

하와이 A

예멘 A

인도 A

카메룬 C

베트남 C

에티오피아 A

콰트디부아르

우간다 C 케냐 A

인도네시아 C

탄자니아 A

앙골라 C

잠비아 A

A 주로 아라비카를 생산하나 카네포라도 포함

C 주로 카네포라를 생산하나 아라비카도 포함

아라비카는 도시의 고층 아파트에 사는 것과 같다. 대부분 해발 600–2200m의 고지대에서 재배되기 때문에 매일 따사로운 햇볕을 만끽한다. 심지어 별장에 거주하기도 한다. 만일 적도에서 멀리 떨어져 있는 고지대라면 자연히 온도가 낮기 때문에 아라비카는 근본적으로 생존이 불가능하다. 따라서 적도에서 멀리 떨어진 낮은 지역에서 재배되면 마치 별장에 기거하는 것처럼 흡족한 환경을 누릴 수 있다.

카네포라는 시골의 뜰 안에 사는 것과 비슷하다. 이들은 일반적으로 낮은 지역에 파종되어 환경에 잘 적응하고 쉽게 자란다. 토양도 크게 가리지 않기 때문에 어떤 토질에서도 성공적으로 재배된다. 마치 시골에서 무엇이든 심기만 하면 잘 자라는 것처럼 말이다.

'귀족 출신' 아라비카 품종이든 '서민 출신' 카네포라 출신이든, 결국 똑같이 분쇄과정을 거쳐 가루가 된 후 테이블 위의 맛있는 음표로 변한다.

"본디 한 뿌리에서 태어났거늘 어찌 이리 급하게 볶아대는가!"[本是同根生 相煎何太急: 중국 삼국시대 조조(曹操)의 셋째 아들 조식(曹植)이 형 조비(曹丕) 앞에서 지은 유명한 〈칠보시〉(七步诗)의 한 구절]

직장에는 직장의 사칙이 있고 집안에는 집안의 법도가 있기 마련, 무릇 내로라하는 가문에는 제대로 된 족보가 있다. 이제 두 가문의 족보를 한번 살펴보자.

아라비카

아라비카(Arabica) 가문의 세력은 막강하다. 구성원이 많으니 잘 기억하길 바란다!

티피카(Typica): 사진만 봐도 짐작할 수 있듯이 아라비카 가문의 시조라고 볼 수 있다. 아라비카 원종에 가까우며 감귤계의 경쾌한 신맛과 부드러운 향미가 특징이다.

버본(Bourbon): 아라비카 원종에 가까운 편이지만 티피카의 돌연변이다. 만일 쌍둥이 형제에 비유한다면 티피카가 형, 버본은 몇 분 늦게 태어난 동생이다. 중후한 향과 다채롭고 풍부한 산미가 특징이다.

게이샤(Geisha): 아라비카 가문의 자랑. 생산량이 낮아서 매우 귀한 원두다. 강한 향기와 상큼한 신맛이 특징. 개성 가득한 풍미로 인해 많은 이의 사랑을 받고 있다.

카투라(Caturra): 카투라 어린이는 버본의 어린 동생으로 몸집이 왜소하다. 왜소한 종의 대표인 버본의 돌연변이. 비교적 높은 산지에서 자라났기 때문에 가벼운 신맛과 농도가 특징이다.

문도노보(Mundo Novo): 버본과 만델링의 자녀, 즉 버본과 만델링의 교배로 만들어졌다. 환경 적응력이 강하고 신맛과 쓴맛의 밸런스가 좋다.

파카마라(Pacamara): 아라비카 가문의 비교적 먼 친척. 엘살바도르 지역에서 개발된 입자가 큰 원두로 깔끔한 신맛이 특징이다. 생산량이 상당히 적어서 널리 사랑 받는다.

아라비카 가문의 세력이 굉장해서 이밖에도 많은 돌연변이와 방계 가족이 있다.

카네포라

카네포라(Canephora) 가문은 상대적으로 설명하기가 좀 수월하다. 알아야 할 구성원이 둘뿐이다. '카네포라 형제'라고 불리는 환상의 콤비, 바로 로부스타와 코닐론이다.

로부스타(Robusta): 카네포라 가문의 대표이자 집안의 '외아들'로 알려져 있다. 빅토리아 호 주변의 케냐, 탄자니아, 우간다 등지에서 유래되어 오늘날 동남아 지역까지 광범위하게 재배되고 있다. 독특한 보리 향과 비교적 강한 쓴맛이 특징이다. 몸집이 건장하고 병충해에 강하다.

코닐론(Conillon): 로부스타에게 코닐론이란 동생이 있다는 사실을 사람들은 잘 모른다. 그래서 익숙한 이름은 아니다. 빅토리아 호 서쪽에서 유래되었는데 브라질 사람들이 이 지역을 코닐론이라 불렀다. 역시 가벼운 차향과 쓴맛을 지니고 있다.

★★★★
Chapter 4
커피콩 왕국

세계 커피 생산량 1위, 브라질
세계 커피 소비량 1위, 미국~

생산량 기준으로 살펴보면 브라질은 최대 커피 생산국으로, 전 세계 생산의 30% 이상을 차지한다.

2위는 베트남으로 전 세계 인스턴트커피 대국이다. 주로 로부스타 품종을 재배한다.

3위는 콜롬비아, 4위는 인도네시아, 5위는 멕시코, 6위는 인도, 7위는 에티오피아, 8위는 페루, 9위는 과테말라, 10위는 온두라스 순이다.

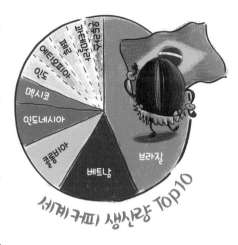

세계 커피 생산량 Top10

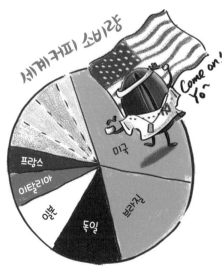

세계 커피 소비량

소비량 기준으로 살펴보면 미국이 세계 제일의 커피 소비 대국이다. 동시에 미국은 전 세계에서 커피 수입량이 가장 많은 국가다. 생산국의 국내 소비량을 합하면 브라질이 두 번째로 큰 소비 대국이다.

3위는 독일, 4위는 일본, 5위는 이탈리아, 6위는 프랑스 순이다.

PART
TWO

세계 각지의
커피 문화

Story of Coffee

★

Chapter 1

미국
커피, 자유롭게 마시자

"Welcome to America,

Do you wanna a Americano?"

Just drink It!

"Welcome to America, Do you wanna a Americano?"
(미국에 오신 것을 환영합니다. 아메리카노 한 잔 어때요?)

이 말을 통해서 우린 미국에서 커피가 어떤 의미인지 짐작할 수 있다. 미국인은 무슨 일을 하기 전에 일단 커피부터 마실 정도로 그 애정이 각별하다.

미국에서 사람들은 시간과 장소를 가리지 않고 언제 어디서나 커피를 마신다. 오전에 마시고 오후에 마시고 저녁에 또 마신다. 출근해서 마시고 퇴근해서 마시고 회의하면서 마신다. 산책하면서 마시고 쇼핑하면서 마시고 데이트할 때에는 당연히 마셔야 한다. 노동자도 마시고 선생님도 마시고 경찰관도 지금 마시고 있다. 목사님도 마시고 수녀님도 마시고 자유의 여신도 마시고… 허허. 마시자, 마셔!

세계 최초로 달에 착륙한 우주선 아폴로 13호가 지구로 귀항하던 도중 생사를 가를 만한 고장이 생겼다. 당시 지상 요원들이 아폴로 13호의 우주 비행사를 격려하면서 이런 말을 했다고 한다. "힘내십시오. 그윽한 향기의 뜨거운 커피가 지금 여러분을 기다리고 있습니다."

언젠가 들은 이야기인데 어쨌든 미국인이 세계에서 가장 커피를 사랑하는 국민임은 부인할 수 없을 것 같다. 거의 하루 24시간 내내 커피와 동고동락하며 매일 4억 잔의 커피를 '해치워 버린다.' 이런 식으로 세계 커피 생산량의 2/3를 마셔서 세계 최대 커피 소비 국가가 되었다. 커피의 연간 무역액은 300억 달러에 달해 석유 다음의 큰 규모를 차지한다.

그들만의 커피 습관

똑 똑 똑 똑 똑 똑 똑

미국인들이 커피를 사랑하기는 하지만 마치 아무런 룰이 없는 게임처럼 마음대로다. 유럽인들은 커피를 내릴 때 이런저런 매뉴얼을 따르지만 미국인들은 그렇지 않다. 편하게 마시고 시원스럽게 마신다.

뭐, 미국인 탓만은 아니다. 그들은 바쁘다. 한가롭게 커피를 즐길 시간이 별로 없다. 그래서 미국인은 주로 여과식 커피 메이커(Drip coffee maker)를 이용하여 커피를 내린다. 물을 많이 넣기 때문에 커피가 굉장히 연하다. 또한 보온대에 계속 놓여 있는 포트 때문에 커피는 계속 탈수된다. 맛에 지대한 영향을 미치는 것은 물론이다.

더구나 미국인들은 편리성을 매우 강조하여 분쇄된 커피를 구입하는 것을 당연히 여긴다. 밀폐 용기나 진공 포장의 밀폐성이 아무리 좋다 한들 분쇄 커피의 신선도는 크게 떨어지기 마련인데 말이다.

물론 커피 포장에 여러 혁신을 꾀하긴 했다. 예를 들면 금속제 밀폐 용기, 진공 포장, 밸브 포장 등의 출현이 커피 신선도를 어느 정도 연장하기는 했다. 하지만 분쇄된 커피는 어떤 방식의 포장을 이용해도 신선도가 크게 떨어졌다.

미국에는 아메리카노 커피가 없고
비엔나에는 비엔나 커피가 없다?

사실 'Cafe Americano'는 진정한 아메리카노 커피가 아니다. 이탈리아인이 에스프레소 베이스에 뜨거운 물을 붓고 희석해서 연하게 만든 것을 아메리카노라고 부른 것인데, 아마도 미국인들이 커피 마시는 방법에 너무 신경 안 쓰는 걸 빗댄 것으로 보인다.

진정한 아메리카노는 미국 가정에서 흔히 커피 메이커로 내리는 커피처럼 가장 전통적인 드립 커피를 말하며, 미국인들은 간단히 'Coffee'라고 부른다.

그러면 비엔나에는 왜 비엔나 커피가 없는지 짐작할 수 있을 것이다. 비엔나에서는 커피 표면 위에 생크림이 덮인 커피를 아인슈패너(Einspaenner)라고 부르며, 커피 원액에 우유 거품(밀크폼)을 넣은 커피를 멜랑제(Melange)라고 한다.

커피 타임(coffee time)은 미국 회사의 전통이자 회사가 직원에게 베푸는 일종의 혜택이다. 직원들은 커피 타임을 통해 바쁜 일과 속에서 한숨 돌리고 휴식을 취한다. 일반적으로 회사 내에 차 마실 수 있는 공간을 따로 두고 그곳에 커피 머신을 비치한다. 직원들은 이 휴식공간에서 커피 한 잔을 여유롭게 즐기며 에너지를 충전한 후 다시 업무의 긴장감 속으로 돌아간다. 커피 타임 후 테이블 위에 빈 컵의 흔적이 쭉 남아 있는 걸 보면 재미있다.

남북전쟁이 한창일 때 오하이오 주에서 온 19세 청년이 뜨거운 커피 한 통을 들고 전선에 있는 군인들에게 쿠키와 함께 커피를 나누어주며 사기를 진작시켰다고 전해진다. 그날이 1862년 9월 9일이었는데 미국 역사상 기념할 만한 첫 번째 커피 타임이 아닐까 싶다.

"CIVIL WAR"
Truth

아마도 이것이 미국 최초의 커피 타임이었을 것이다.

(상황극이 약간 과장된 점은 사과드립니다~)

이렇게 이어져 온 미국의 전통은 이후 기업 문화에 도입되었다. 커피 타임은 직원들의 업무 효율을 높이는 데 확실히 큰 효과가 있었기 때문에 유명 기업들은 커피 회사를 기업 내부에 들여오기도 했다.

예를 들어 당신이 미국 시애틀에 거주하고, 공교롭게도 마이크로소프트 본사에서 근무한다면 스타벅스 커피를 원없이 마실 수 있을 것이다. 스타벅스 본사가 시애틀에 있으니 마이크로소프트 사에 입주하는 건 당연한 일 아니겠는가.

만약 당신이 미국 캘리포니아에 거주하고, 마침 구글 본사에 다닌다면 이번에는 남아메리카 커피의 신 Juan Valdez(후안 발데즈)를 실컷 마시는 행운을 누릴 것이다.

미국에는 많은 '긱'(Geek)이 있다. 긱이란 무엇일까? 간단히 설명하면 IT 매니아, 즉 과학 기술에 대한 흥미가 매우 높은 사람을 일컫는 단어다.

미국인을 커피 긱에 비유하는 것은 조금도 지나치지 않다. 앞서 말한 바와 같이 미국인은 커피 원두의 신선함과 품질을 보존하기 위해 각종 진공 포장과 금속 용기를 발명했다. 이에 그치지 않고 커피 추출 기구 분야에서도 큰 성과를 이루어 커피 추출의 혁명을 가져왔는데….

그들이 발명한 것은 바로 에어로프레스(AeroPress)라는 기구다.

맨 처음 이 녀석을 봤을 때 뭐 하는 물건인지 어리둥절했다. 아무리 살펴봐도 하늘과 땅을 오가는 우주 비행선처럼 보였다.

이걸 발명한 사람은 분명 NASA(미우주항공국)의 '팬'일 거라고 강력히 주장하는 바다. 그렇지 않다면 어떻게 이런 디자인이 나올 수 있었겠는가? 정말이지 달 착륙을 꿈꾸는 듯한 모양새를 갖추고 있다. 에어로프레스를 발명한 사람은 미국 스탠포드 대학 기계공학과 강사인 앨런 애들러(Alan Adler)라고 한다. 그는 에어로프레스를 주사기 모형에 따라 설계하였다. '주사기 몸통(체임버)' 부분에 분쇄된 커피가루와 뜨거운 물을 넣어 충분히 접촉하게 한 후 '밀대(플런저)'를 넣고 누르면 커피용기에 추출된다. 에어로프레스 방식은 프렌치프레스의 침출식 추출법과 여과식(핸드 드립) 추출법 및 이탈리아식 급속 가압 추출법의 원리를 모두 결합한 방식이다. 따라서 이 방식으로 추출한 커피는 이탈리아 커피의 중후함과 드립 커피의 깔끔함, 프렌치프레스의 감칠맛을 모두 지니고 있다.

커피 서시

미국은 세계에서 가장 장사를 잘 하는 국가라고 말해도 과언이 아닐 거다. 왜냐하면 그곳에서 여러분은 각종 기발한 판매 방법을 보게 될 테니 말이다. 예를 들면 비키니 세차, 산타 할아버지 부동산 매매, 슈퍼 히어로 택배 등 하나하나 나열하기에도 벅차다.

만일 당신이 차를 몰고 워싱턴 주 시애틀의 작은 커피숍을 지나다가 커피 한 잔이 생각난다면 절대 놓쳐서는 안 되는 것이 있다!

바로 시애틀 지역에서 활동하는 '초특급' 미녀 커피 서시(중국 4대 미녀 중 한 명)다. 스타벅스 본사가 있는 시애틀은 커피업계 경쟁이 매우 치열하다. 그래서 최근 들어 작은 커피숍들은 사업 생존을 위해 '커피 서시'를 선보이기 시작했다.

이러한 노점 커피상은 길가나 주차장에 설치되어 있는데 창구에는 늘 화물차들이 길게 꼬리를 물고 줄지어 서 있다. 차창을 여는 순간 너무 놀라 기절하지 말 것, 그리고 떠나기 전에 팁을 줘야 한다는 사실을 절대 잊지 말 것!

시애틀 지역에는 이런 상황이 자주 발생한다. 조그마한 커피숍 앞에 줄이 어마어마하게 늘어서 있다면 그곳에 커피 서시가 '강림'했다는 걸 눈치채야 한다.

결국 어느 날 부인들의 분노가 폭발했다. 남편들이 밖에서만 커피를 마시고, 그것도 한번 가면 반나절이 훌쩍 지나 돌아오니 이상하다고 생각하던 차에 사실을 확인하고 만 것이다. 결국 커피 서시를 법정에 고발했다.

결과는 예상대로다.

서시가 어찌 분노한 부인들을 이길 수 있겠는가!

STARBUCKS

미국에 대해서 말할 때, 전 세계적으로 사랑받는 브랜드이자 커피업계의 선두주자 스타벅스(Starbucks)를 빼놓을 수 없을 것이다.

"내가 스타벅스에 없으면 스타벅스 가는 길에 있을 것이다"라는 말이 있다. 발자크 의 명언이라 알려진 "내가 집에 없으면 카페에 있을 것이고 카페에 없으면 카페 가는 길에 있을 것이다"에서 카페를 스타벅스로 바꾼 이유는, 그만큼 스타벅스가 카페의 대명사로 자리 잡았기 때문이다. 현재 스타벅스는 커피를 대표할 뿐만 아니라 하나 의 현상, 하나의 라이프스타일을 의미하기도 한다.

세상에! 그야말로 '스타벅스 대로' 천국이다.

모든 길은 로마로 통한다더니 사람들이 왜 스타벅스 가는 길에 있다고 말하는지 알
것 같다. 보이는 건 오직 스타벅스뿐이니까! 미국에 스타벅스 매장이 얼마나 많은지
말해주는 셈이다. 워싱턴 주를 예로 들자면 스타벅스 매장 숫자는 오랜 경쟁 상대 맥
도날드의 매장 개수를 이미 앞질렀다.

미국인들은 무슨 일을 하든지 흥이 나서 큰 소리로 외친다. 전형적인 아메리칸 스피릿이라고 볼 수 있는데 어떤 사람들은 이를 일컬어 '스타벅스 스피릿'이라고 한다.

스타벅스 스피릿

'스타벅스 스피릿'은 스타벅스 커피가 가장 맛있는 커피는 아닐지 모르지만 분명 가장 맛있어 보이는 커피라는 기분이 들게 만든다. 미국인들은 이런 스피릿을 다른 분야에서도 다양하게 적용한다.

미국 사람들은 모두 스타벅스를 사랑한다. 그들에게 스타벅스를 평가해보라고 한다면 아마 두 단어로 이렇게 표현할 것이다. "Fantastic coffee!"

일반 대중만 좋아하는 것이 아니라 유명인사와 대통령까지도 스타벅스를 사랑한다. 그래서 이런 말들이 회자되곤 한다.

"할리우드는 떠나도 스타벅스는 못 떠난다."

"할리우드에서 가장 인기 있는 것은? 배우, 스타벅스 그리고 강아지."

인어공주의 역사

스타벅스를 좋아하는 사람들은 커피만 좋아하는 게 아니라 스타벅스의 로고(logo)도 사랑한다. 꽤 많은 사람들이 이 인어를 만나러 간다. 중국 속담에 "여자는 자라면서 18번 변한다"(女大十八変)라고 했다. 지금은 기품 있어 보이지만 흑역사가 없는 사람이 어디 있겠는가. 예전에 이 '인어 아가씨'는 이런 모습이 아니었다.

지난 세기에 그녀의 모습은 이런 모습이었다(그림 1). R등급(17세 미만 부모 동반 관람) 에로 공포물 느낌이다. 이 로고는 15세기 고대 그리스 신화에 나오는 인물(그림 2)에서 따온 것이라고 한다. Siren(사이렌)이라 불리는 이 여자 요정은 상반신은 인간 여자의 모습, 하반신은 물새 또는 독수리의 모습을 하고 있었다고 한다. 암초와 여울목이 많은 곳에 살면서 아름다운 노래로 뱃사람들을 홀려 난파당하게도 하고 물에 빠져 죽게도 만들었다고 전해진다. 어떤가? 소름이 끼치지 않는가?

그림 1

그림 2

Twin-tailed siren (15th century).

그림 2

오리지널 목판 로고는 어째 트럼프 카드의 Q(그림 3)와 좀 비슷해보인다.

그림 3

이후 머리카락으로 가슴 부위를 가렸다. 이 부분에서 우리는 미국인들이 겉으로 보기엔 개방적이지만 내심 보수적이란 사실을 엿볼 수 있다. 'COFFEE · TEA · SPICES'라는 표어도 'FRESH ROASTED COFFEE'(신선한 로스팅 커피)로 바뀌었는데(그림 4), 이는 스타벅스 사업의 중심이 커피로 옮겨갔음을 의미한다. 하지만 로고 자체에 큰 변화는 없다.

그림 4

더 지나 사람들은 이 '아가씨'를 '성형수술'을 시키기로 결심했다. 그리하여 새로운 로고가 탄생했다. 일단 '성형수술' 효과는 아주 괜찮았다. 스타벅스의 상징이 된 녹색도 이때 등장했다. 동시에 구분 부호 ' · '를 별 모양으로 바꾸고, 로고 아래 'COFFEE'라는 글자만 남겨두었다(그림 5). 오로지 좋은 커피를 만드는 데 전념하겠다는 스타벅스 사의 각오가 읽힌다. 그러나 벌린 두 다리와 배꼽을 고객에게 향하고 있다는 점이 어딘가 점잖지 않아 보였다.

그림 5

그리하여 또다시 로고를 바꾸기로 하는데… 그다음 로고는 스타벅스에서 가장 오랫동안 사용한 로고다(그림 6).
다리를 모으고 'YO-YO' 하는 손짓으로 고객을 초대하는 디자인이 확실히 큰 반향을 불러일으켰다.

그림 6

이때부터 스타벅스는 전 세계적인 브랜드로 발돋움하기 시작했다.

그림 7

2011년 또 한 번 스타벅스의 로고에 변화가 일어난다. 로고의 가장자리 테두리와 글자를 모두 없애버린 것이다(그림 7). 스타벅스가 커피 이외 다른 분야의 시장도 개척하겠다는 것을 천명한 것이다. 얼마 전 들은 소식에 의하면 스타벅스가 맥주와 와인 사업에도 뛰어들기 시작했다고 한다. 북아메리카 여러 매장에서는 이미 판매 중이라고 들었다.

그림 8

감히 예측해 보건대 다음 로고(그림 8)는 이렇게 변하지 않을까? (농담입니다~) 지금까지의 스타벅스 로고 변천과정을 보았을 때 2025년에 이런 변화가 있을지도 모르겠다.

2025년

2035년엔 이런 모습

2045년엔 이렇게~

1970년대부터 21세기 초까지 스타벅스의 로고 변천과정은 '심플'을 추구하는 과정으로도 볼 수 있겠다.

스타벅스는 어떤 면에서 독자적이다. 예를 들어 스타벅스의 컵 명칭이 다른 커피숍과 다르다는 것은 알고 있을 것이다. 스타벅스에서 작은 사이즈의 컵은 'small'이 아니라 'short', 중간 사이즈의 컵은 'medium'이 아니라 'tall', 큰 사이즈의 컵은 'large'가 아니라 'grande'라고 부른다. 'venti'라고 부르는 컵은 대형 사이즈다. 2011년부터 미국에서는 아이스 음료를 위한 초대형 사이즈 'trenta'를 서비스하기 시작했다.

이런 독특한 스타벅스 용어에는 도대체 무슨 뜻이 담겨 있을까?
사실 아무런 뜻이 없다. 이탈리아 단어를 영어화해서 컵 사이즈의 명칭으로 썼을 뿐이다. 스타벅스가 초창기에 이탈리아 카페 문화의 영향을 받았기 때문에 막 개점했을 때 뭐든지 이탈리아어로 표기했다. 메뉴판도 전부 다 이탈리아어였는데 나중에 고객들이 알아보기 힘들다는 반응을 보이자 영문으로 바꾸었다. 하지만 컵 사이즈 명칭은 아직도 이탈리아어를 계속 쓰고 있다.
이쯤 되니 한 가지 재미있는 일화가 떠오른다. 한 외국인 고객이 스타벅스에 들어와 'toilet'(화장실)을 찾았다. 점원은 'tall latte'(라테 중간 사이즈)로 알아듣고 물었다. "Ice or hot?" 재미있는 얘기다. 그래도 다행히 "Which size?"라고 묻지는 않았나 보다.

short
237ml

tall
354ml

grande
473ml

venti
591ml

trenta
916ml

미국에서 스타벅스 커피를 마셔보았다면 이름이 잘못 적힌
컵을 받아본 경험이 있을 것이다. '할 일 없는' 어떤 사람이
낸 통계에 따르면 미국 스타벅스에서 컵에 이름이 잘못 적
힐 확률이 54.3%라고 한다. 평균적으로 두 사람이 가면 한 사
람의 이름이 잘못 적힌다는 얘기다.

(주목도를 높이기 위한 마케팅 방안이라는 이야기가 있다. _편집자주)

미국에서 누가 스타벅스와 대적할 수 있나 곰곰 생각해보면 맥도날드를 꼽을 수 있다. 이렇게 질문할지 모른다. "맥도날드는 패스트푸드점인데요? 커피랑 무슨 상관인가요?"

1993년 맥도날드는 호주에서 제일 처음 서브 브랜드 'McCafe'(맥카페)를 출시했다. 독립 커피점 형태로 생겨난 맥카페는 맥도날드 패스트푸드점에서 따로 설립된 디저트 전문점이라고 볼 수 있다. 이는 맥도날드가 유럽과 미국 고객을 위해 카페 분위기를 만들어낸 일종의 특수 영업 방식이다. 2009년 맥도날드는 정식으로 커피 시장에 진입했다. 거액의 자본을 들여 McCafe라는 브랜드를 만들고 스타벅스의 시장 점유율을 빼앗기 위한 시도를 시작했다. 맥도날드는 텔레비전, 라디오, 신문 등에 대대적으로 광고를 싣기 시작하면서 새로운 커피 시리즈 'McCafe'를 적극 홍보했다. 맥카페는 경제 둔화 시기와 맞물려 일반 소비자에게 적정 가격의 커피를 마시면서도 '평범한 하루를 멋지게' 보낼 수 있다는 점을 강조했다. 동시에 광고를 통해 "4달러 커피는 바보 같은 짓"이라고 스타벅스를 풍자했다. 같은 용량의 커피일 때, 맥도날드 판매가는 2.29~3.29달러인 반면 스타벅스 모카커피 12온스는 3.1달러, 20온스는 3.95달러였기 때문이다.

맥도날드의 '적정가 커피' 공세에 맞서면서 고객을 붙잡기 위해 스타벅스는 〈뉴욕타임스〉 등 대형 신문사에 자사 커피의 우수한 품질을 강조하는 광고를 게재하였다. 광고 문구는 이러했다.

"당신이 마신 커피가 뭔가 부족하다면 한 잔 더 만들어 드리겠습니다. 그래도 여전히 부족하다면 당신이 들어간 곳이 스타벅스가 맞는지 확인해보십시오."

스타벅스에 제일 많은 것은? 바로 특이한 음료!

일단 먼저 스타벅스에 있는 괴짜 커피를 한번 찾아보자!
그중에서도 가장 특이하고 놀라운 음료는 역시 단호박 라테다.
미국이라는 신기한 나라에서만 맛볼 수 있는 계절 음료다. (최근 많은 커피숍에서 스타
벅스의 단호박 라테와 같은 음료를 참고하여 다양한 음료를 만들어 판매하고 있다.)
그다음은 두유 라테다. 우유 대신 두유를 넣고 라테 아트를 해준다. 아주 성공적인
괴짜 음료들!
버터비어 프라푸치노(Butterbeer Frappuccino)라고 들어보았는지? 시나몬롤 프라푸
치노(Cinnamon Roll Frappuccino)는? 이런 이름들을 들으면 뭔가 좀 이상해지는 기
분이다. 사실… 난 줄곧 이 카피 문구가 (아디다스보다) 스타벅스에 딱 들어맞는다고
생각해왔다.

Impossible is Nothing!

★★

Chapter 2

진한 사랑의
이탈리아

커피 같은
남자

이탈리아 하면 두 가지 단어가 떠오른다.
하나는 남자, 하나는 커피!

이탈리아에서 남자와 커피는 사실 하나다. 왜냐하면 이탈리아에 이런 격언이 있기
때문이다.
"남자는 커피처럼 강하고 열정적이어야 한다!"
이 격언은 이탈리아에서 커피가 얼마나 중요한 위치를 차지하는지 말해준다.
이탈리아에서 가장 유명한 건 당연히 에스프레소(espresso) 커피다. 이탈리아인이
아침에 일어난 후 제일 먼저 하는 일은 에스프레소를 마시는 일이다. 커피를 마시는
것으로 하루를 시작하는 이탈리아인이 매일 얼마나 마시는지에 대한 통계는 없지만
세계에서 커피를 가장 많이 마시는 사람들임은 틀림없다.

귀여운 이탈리아인

"싸움 따위는 내게 맞지 않아요. 그냥 좀 쉬면서 이야기하고 커피나 마시면 안 될까요?"

이 말에서 이탈리아인의 성격을 파악할 수 있다. 무슨 정치니 경제니 사회 발전이니 하는 것에 크게 신경 쓰지 않는다. 이탈리아인에게는 맛있는 음식과 커피만 있으면 된다.

이탈리아 사람들이 제2차 세계대전 중에 벌인 기이한 행태를 아는지 모르겠다. 사병 대부분이 전쟁터에서 모카 포트를 지니고 다녔으며 와인을 총보다 많이, 마카로니를 총알보다 많이 보유하고 있었다. 또 잠깐이라도 쉬는 시간이 되면 가만히 있지 않고 'Party on'(계속 파티) 모드에 돌입했다.

이탈리아 군인들은 종종 적군의 포로로 잡힐 때에도(전군이 잡힐 때에도) 그다지 절망하지 않았다고 한다. 왜냐하면 포로수용소에는 독일 흑맥주와 소시지가 있었기 때문이다. 적군 장교들이 모두 놀라 자빠졌다. 뭐 이런 괴짜들이 다 있단 말인가!

전 세계에서 가장 자주 커피를 마시는 이들답게 마시는 리듬 또한 특별하다.

빨리 마셔라!

이탈리아의 카페들은 늘 아침부터 저녁까지 문을 열 뿐 아니라 하루 중 한산한 시간이 거의 없다. 사람들은 카페에서 에스프레소 커피를 즐겨 마시는데 espresso라는 이탈리아어는 '빠르다'라는 뜻이다. 그래서 빨리 만들고 빨리 마신다. 보통 작은 잔에 담겨 있어서 두세 모금 마시면 끝이다.

이탈리아인은 일반적으로 25초 내에 한 잔의 에스프레소 커피를 마신다. 커피 본연의 맛이 25초 동안만 유지되고 그 이후에는 변질된다고 여기기 때문이다.

서서 마셔라, 다비드 상처럼!

이탈리아에 가면 카페에 좌석이 없는 것을 많이 볼 수 있다. 전통적으로 서서 마시는 습관이 있기 때문이다. 두세 모금의 에스프레소를 잠자코 마신 후, 지난 세기의 건축물에 대해 거창한 대화를 늘어놓거나 눈앞에 지나가는 미녀에게 작업 멘트를 날리곤 한다.

마셔야 할 때와 마시지 말아야 할 때를 구분하라!

이탈리아인은 언제 어떤 커피를 마셔야 할지 각별히 신경 쓴다. 라테와 카푸치노처럼 우유가 들어간 커피는 아침식사용으로 마시거나 오전에 마신다. 점심부터 저녁까지는 우유가 들어간 커피를 마시지 않는다 (단 아이스 커피는 제외).

에스프레소는 시간대에 상관없이 종일 마신다.

지금 여기서 마셔라!

이탈리아에서는 커피를 테이크아웃 하겠다고 말해서는 안 된다. 다른 지역에서는 그다지 어려운 일이 아니지만 이탈리아에서는 카페 점원이 결코 허락하지 않을 것이다. 점원은 매력적인 미소를 지으며 카페 안에서 커피를 다 마시고 가라고 당신에게 압력을 넣을 것이다.

이탈리아 카페에서 왜 종이컵을 발견하기 힘든지 이제 알겠는가? 그들에게 종이컵이나 플라스틱 컵을 사용하는 것은 커피 님(!)에 대한 모독이다! 사실, 이탈리아 카페에서 에스프레소 한 잔을 마시는 데에는 길어야 5분 이상 걸리지 않는다. 하지만 그 짧은 시간 동안 몇 세기에 걸쳐 응축된 문화의 정수를 음미할 수 있을 것이다.

한번 상상해보라!

지난 세기의 정취가 물씬 배어 있는 광장에 위치한 카페에 들어갔다. 멋진 점원이
"본 조르노!"(Buon giorno: 굿모닝)를 외치며 당신을 친절히 맞아준다. 그러고 나서 신
기에 가까운 라테 아트의 마술을 부리며 카푸치노 한 잔을 만들어준다.

비단결처럼 부드러운 우유 거품과 함께 깔끔하고 진한 커피 한 모금이 입안으로 들
어온다. 저 멀리로는 다비드 상과 광장, 교회가 보이고 카페 다른 한 켠에서는 학자
처럼 보이는 사람들이 이탈리아인 특유의 몸짓 언어를 구사하며 고전문학과 예술에
대해 토론하는 소리가 간간이 들려온다.

와우! 그 순간만큼 당신은 영화 〈로마 위드 러브〉(2012) 속 주인공이다.

인어는 어디에?

이탈리아에서는 좀처럼 스타벅스를 찾아보기 힘들다. 세계 어느 나라에서든 쉽게 찾아볼 수 있는데 유독 이탈리아에서만 찾기 힘들다는 건 줄곧 지적받은 문제.

스타벅스는 애초에 '미국식 이탈리아 카페'라는 슬로건으로 시작했다. 스타벅스 회장 하워드 슐츠(Howard Schultz)는 일찍이 이탈리아 커피의 마니아였다. 그는 이탈리아에서 면밀히 조사한 후 미국 시애틀로 돌아가 '일 지오날레'(il Giornale: 이탈리아어로 '매일')라는 카페를 열었는데 이 카페가 오늘날 스타벅스의 전신이다. 이 순수 이탈리안 카페는 배경음악조차 이탈리아 오페라를 썼고 이탈리아 카페를 본떠 좌석을 설치하지 않아서 손님들은 서서 커피를 마셔야 했다. 그러나 미국인의 반응은 좋지 않았다. 결국 경영 방식을 조정하고 당시 3명의 엘리트들과 흡수 합병을 통해 지금의 스타벅스를 설립했다.

그렇다. 원래 스타벅스는 MBA 졸업장과는 거리가 먼 세 명의 동창생, 고든 보우커(Gordon Bowker), 지브 시글(Zev Siegl), 제리 볼드윈(Jerry Baldwin)이 만든 것이다.

스타벅스는 여전히 이탈리아에서 찬밥 신세다. 아마도 스타벅스에 역사와 문화가 축적되지 않았기 때문일 수도 있고, 이탈리아인 자체가 다양한 것을 즐기기 때문일 수도 있다.

어쨌든 스타벅스는 이탈리아 곳곳에 자리 잡고 있는 터줏대감 카페들을 넘어서지 못하고 있다.

★ 로스트 인 이탈리아

이탈리아의
자존심

스타벅스가 이탈리아에서 맥을 못 추는 건 이탈리아 국대급(국가대표급) 브랜드이자 세계적으로 명성이 높은 '일리 커피'와 관련이 깊다.

저마다 독특한 스타일을 뽐내는 카페 앞에서 일리(illy)라는 빨간색 로고를 발견하는 것은 그리 어렵지 않다. 이탈리아 카페의 절반 이상이 일리 커피 원두를 사용하고 있기 때문이다.

이탈리아 사람들은 모두 '큰 귀' 모양의 컵을 들고 이 커피를 마신다. 일리는 100년 가까이 이어져 내려온 브랜드로 거의 한 세기 동안 오직 한 가지 블렌딩 방식으로 커피를 생산해왔다.

★ 프란체스코 일리(Francesco Illy)

일리 커피는 일리의 아버지, 프란체스코 일리(Francesco Illy)가 1933년에 설립했다. 이탈리아 북부의 한 항구도시 트리에스테(Trieste)에 커피와 코코아 회사 '일리 커피'를 세운 것이 그 모태가 되었다. 1935년경 그는 일레타(illetta)라는 최초의 반자동 머신(오늘날 에스프레소 머신의 전신)을 발명했고, 이때부터 일리라는 브랜드는 이탈리아를 벗어나 서유럽, 북유럽 너머 전 세계에 널리 알려지게 되었다.

오늘날까지 일리 가문이 3대째 운영하는 일리 커피는 매년 1500만kg 이상의 우수한 커피를 생산함으로써 커피 업계 최고 품질을 선도하고 있다.

누군가 이렇게 표현한 적 있다.

"입안으로 들어오는 순간의 그윽하고 깔끔한 맛, 그 뒤로 녹아드는 묵직하고 잔잔한 뒷맛, 일리만이 선사하는 특별한 즐거움을 만끽하시라."

★"Illy, on the road!"(1942)

왜 이렇게 높은 평가를 내리는 걸까?

일리의 원두가 모두 100% 최고급 아라비카 품종이라는 것 외에도 중요한 이유가 있다. 그건 바로 오로지 하나의 블렌딩 제품만을 생산한다는 것이다. 일리 사에는 이런 슬로건이 있다. "One Blend, One Brand"(하나의 블렌드, 하나의 브랜드) 일리 커피를 제외하면 전 세계 어느 곳에도 한 가지 블렌딩 제품만 생산하는 회사는 없다. 일리는 70여 년 전부터 지금까지 한결같이 이 원칙을 고수하고 있다.

일리 전 제품은 카페인 함량이 1.5% 이하이며, 일리 디카페인 제품의 경우 카페인 함량이 0.05% 미만이다. 이로써 우리는 이탈리아 사람들이 그렇게 많은 커피를 마시고도 왜 '취하지' 않는지 알 수 있다.

일리는 커피만 잘 만드는 게 아니라 포장과 디자인 또한 아주 멋지다. 특히 빨간색 덮개를 한 커피 통은 '빨간 모자'라는 친근한 별명을 얻었다.

하지만 아마 결코 몰랐을 것이다. 중국에서 녹색 모자가 어떤 의미인지를…. 만일 알았더라면 '녹색 모자' 포장의 디카페인 커피는 탄생하지 않았을지도 모른다. (중국에서 남성이 녹색 모자를 쓰면 '아내가 바람났다'는 뜻이다. _역주)

난 빨간 모자라고 해!

난…

이탈리아인은 모카 포트를 이용하여 모닝 에스프레소를 내려 마시는 것으로 하루 일과를 시작한다.

모카 포트는 마치 등대가 고요히 파란 연기를 내뿜는 것처럼 보인다.

모카 포트의 기본 원리는 물이 끓을 때 나오는 수증기가 분쇄 원두를 통과하여 커피 액을 상부로 추출하는 것이다.

최초의 모카 포트는 1933년에 이탈리아인 알폰소 비알레티(Alfonso Bialetti)가 만들었는데 그의 회사 비알레티는 지금까지도 모카 포트로 전 세계에 이름을 떨치고 있다.

이탈리아의 보배

커피는 이탈리아인의 삶 그 자체다. 이탈리아인이 큰 소리로 "본 조르노!"(Buon giorno)라고 외치며 카페로 들어가는 것은 특정 지인에게 안부를 묻는 게 아니라 그곳 모든 사람에게 인사를 건네는 것이다. 카페 안의 사람들은 아주 작은 하나의 사회와도 같다. 쌓여 있는 커피 잔과 스파게티로 가득한 접시 또한 모임의 일부분이다.

아침 단 10분의 시간일지라도 여유롭게 웃으며 탁상공론을 늘어놓든가 신문을 보든가 하면서 사람들은 그 즐거움을 만끽한다. 커피는 이탈리아인에게 있어서 단순하면서도 아름다운 감성의 상징이다.

커피의 대부, 에스프레소 커피

이탈리안 커피를 말하기 전에 먼저 에스프레소 커피라는 큰 형님에게 주목하는 게 좋겠다. 왜냐하면 이 커피야말로 이탈리아 커피의 대부니까! 이탈리안 커피는 모두 에스프레소를 베이스로 하여 만들어지기 때문에 커피의 대부라 할 만하다. 에스프레소(espresso)는 이탈리아어로 '빠르다'란 의미를 가지고 있는데 맛이 상당히 진하고 강하지만 억지스럽지 않다. 중국에서는 '쿵푸 커피'라고 부르기도 한다.

이탈리아 커피의 대부

왜 '쿵푸 커피'인가?

한 잔의 훌륭한 에스프레소는 먼저 15 Bar의 고압력을 통과한다. 이어 수증기가 아주 빠른 속도로 꽉 눌린 커피가루를 지나, 미세한 분말이 진한 커피 농축액을 추출해내는 과정이 필요하다.

추출 시간은 30초 이내여야 하며, 온도는 90도를 넘어서는 안 된다. 탬핑(tamping: 커피가루 눌러주기) 할 때는 적어도 20kg의 힘으로 눌러주어야 하고, 크레마(crema: 커피 위의 크림층)는 3mm 두께가 되도록 신중을 기해야 한다.

과정이 이러니 한 잔의 최고급 에스프레소를 얻기 위해 얼마나 많은 쿵푸를 연마해야 하는 것인가!

에스프레소는 어떤 단위를 사용할까?
일반적으로 에스프레소 한 잔을 'shot'(샷)이라고 부른다.

1 shot 통상적으로 '싱글 에스프레소'(Single Espresso) 또는 '솔로 에스프레소'(Solo Espresso)라고 부르는 에스프레소의 기본 스타일이다. 유럽에서 가장 흔한 스타일인데 양이 아주 적어서 한두 모금 입에 털어 넣고 나면 없다.

2 shot 흔히 '더블 에스프레소'(Double Espresso)라고 부르는데 이탈리아 사람들은 'Dopier'라고 한다. Double Espresso와 Dopier는 차이가 있다. Double Espresso는 Single Espresso 2샷을 합친 것이기 때문에, 이탈리아에서 당신이 Double Espresso를 주문하면 2샷의 에스프레소를 가져다줄 것이다. 반면 Dopier는 Single Espresso와 같은 양이지만 커피가루의 분량이 Single Espresso의 2배인 것을 말한다. 즉 농도가 일반 에스프레소의 2배로 훨씬 더 진한 에스프레소다.

Ristretto(리스트레토) 모든 에스프레소 가운데서 가장 진한 초고농도 에스프레소를 일컫는다. 더블 에스프레소 커피 분량을 50%의 물로 빠르게 추출해 매우 깊고 강한 맛과 향을 느낄 수 있다.

빠른 추출 일반적으로 싱글 에스프레소 한 잔을 추출하는 데 25–30초의 시간이 소요되는 반면, 리스트레토는 그 절반인 15– 20초 내에 추출하여 자연히 물의 양도 싱글 에스프레소보다 절반가량 줄어든다. 즉 리스트레토는 '투 샷 빠른 추출'이다.

Lungo(룽고) '빠른 추출'이 있다면 당연히 '느린 추출'도 있지 않을까? 룽고가 바로 '느린 추출'로 만들어진 에스프레소다. 'Lungo'는 이탈리아어로 '길다'라는 뜻으로 영어의 'long'에 해당한다. 룽고는 싱글 에스프레소보다 2배 많은 물을 사용하여 약 1분가량 추출한다. 일반적인 에스프레소가 25–30초 사이에 25–30ml를 추출한다면, 룽고는 1분 정도에 약 50–60ml의 커피 액을 추출한다.

이해가 잘 안 된다면 아래 그림과 계량표를 참조하라!

Espresso Time 시간 계량표

(Solo)
Single espresso : 커피 7-10g   25-30초
25-30ml

Double espresso : 커피 14-20g   25-30초
45-60ml

(Italy)
Dopier : 커피 14-20g   25-30초
25-30ml

Ristretto : 커피 14-20g   15-20초
(투샷 빠른 추출)   15-20ml

Lungo : (느린 추출)
커피 7-10g 1분
50-60ml

"에스프레소를 우습게 여기면 안 돼요. 당신의 영혼을 빼앗길 수도 있어요!"
에스프레소를 이렇게 평가한 사람이 있었다.
확실히 에스프레소는 일단 마시기 시작하면 멈출 수 없는 마법의 음료다.

한 잔째, 정신이 맑아진다.

두 잔째, 흥분한다.

세 잔째…
축하한다!
우리 부엉이처럼 밤의 수호신이 된 것을!

이탈리안 커피 족보

에스프레소의 깊은 맛을 모든 사람이 다 즐기는 것은 아니다. 특히 아시아인은 우유를 첨가한 연한 밀크 커피를 선호하는데 이처럼 에스프레소 커피를 베이스로 한 모든 커피를 통틀어 이탈리안 커피라고 한다.

카페에서 라테, 카푸치노, 모카, 카라멜 마키아토 등 명칭은 익히 들어봤지만 막상 서로의 차이점을 모를 수 있다. 지금부터 이탈리안 커피의 '족보'를 낱낱이 파헤쳐보자.

콘 파나(Con Panna): 모자를 쓴 에스프레소

에스프레소에 적당량의 휘핑크림을 얹으면 콘 파나가 된다. 중후한 커피 위에 부드러운 생크림이 가볍게 떠 있는 모습은 마치 진흙 속에 고고하게 피어 있는 하얀 구름을 연상시키니 마시지 않을 도리가 없다.

마키아토(Macchiato): 깜찍한 카푸치노

마키아토는 '표시하다'(mark), '얼룩지다'(stain)라는 뜻의 이탈리아어다. 그 이름처럼 당신의 혀에 달콤함을 아로새길 것이다.

여성스러운 것이 특징인 마키아토는 얼핏 보면 카푸치노의 축소판 같다. 다만 마키아토는 카푸치노 양의 1/3정도밖에 되지 않는다. 또한 마키아토는 에스프레소 위에 우유거품을 얹을 뿐 우유를 첨가하지 않는다. 따라서 마실 때 우유 향이 입술 주변에만 좀 남는 정도라서 에스프레소의 맛이 희석되지는 않는다.

오늘날 에스프레소 가운데서 가장 유행하는 커피로, 젊은 세대들의 취향에 맞추려는 카페들이 이 커피를 응용해 상품의 다양화를 꾀하고 있다. 대표적인 것이 카라멜 마키아토다.

캐러멜 마키아토(Caramel Macchiato)

캐러멜 마키아토는 '달콤한 흔적'이라는 별명을 지니고 있다. 진한 에스프레소에 바닐라 시럽과 스팀 우유를 넣고 그 위에 솜처럼 부드러운 우유거품을 풍성히 얹는다. 마지막으로 캐러멜 토핑 시럽을 드리즐(drizzle: 소스나 시럽을 음료 위에 뿌려주는 것)하면 완성된다.

Caramel Macchiato~

Caramel Macchiato

CARAMEL
MILK FOAM
& SYRUP
ESPRESSO

(에스프레소 2oz + 스팀 우유와 시럽 4oz
+ 캐러멜 시럽 = 캐러멜 마키아토)

Cappuccino

FOAMED MILK
STEAMED MILK
ESPRESSO

(에스프레소 2oz + 스팀 우유 2oz
+ 거품 우유 2oz = 카푸치노)

카푸치노(Cappuccino): 진한 사랑

진한 에스프레소와 증기로 거품 낸 우유를 같은 양으로 혼합한 이탈리아 커피다. 커피의 색이 마치 카푸친회(가톨릭 남자 수도회) 수사(修士)들이 입었던 수도복과 같아서 붙은 이름이다. 전통적인 카푸치노는 에스프레소 1/3, 스팀 우유 1/3, 거품 우유 1/3에 맨 위에 고운 입자의 계피가루를 뿌려서 만든다. 카푸치노의 전통적인 라테 아트 문양은 예쁜 하트다. 우유가 비교적 적게 들어가기 때문에 라테처럼 다양한 문양을 넣기가 어렵다. "Love is Cappuccino"(사랑은 카푸치노)는 여기에서 유래했다.

라테(Latte): 우유와 커피

라테는 이탈리아어로 '우유'라는 뜻이다. 'Caffe latte'는 우리가 흔히 가리키는 바로 그 카페 라테를 일컫는다.

라테 아래 부분은 에스프레소, 중간 부분은 60–65도 정도 가열 된 우유, 가장 윗부분은 0.5mm를 넘지 않는 차가운 우유 거품으로 이루어져 있다.

라테에 전형적으로 사용되는 라테 아트 문양은 '나뭇잎' 또는 '하트꽃'이다. 우유가 비교적 많이 들어가기 때문에 다양한 문양을 그려낼 수 있다. 만일 당신이 카푸치노를 주문했는데 화려한 문양의 커피가 나왔다면 인타깝게도 그건 바리스타가 카페 라테를 만든 것이다.

Caffè Latte

MILK FOAM
STEAMED MILK
Espresso

(에스프레소 2oz + 스팀 우유 10oz
+ 소량의 거품 우유 0.5oz = 라테)

Caffè Breve

MILK FOAM
STEAMED
Half-And-Half
Espresso

(에스프레소 2oz + 커피 & 크림 10oz
+ 소량의 거품 우유 = 브레베)

카페 브레베(Cafe Breve): 하프 라테

브레베는 라테처럼 에스프레소에 우유를 첨가한 것이다. 다만 우유를 우유와 크림으로 바꾼 것이다. 소량의 우유거품을 넣기도 해서 '하프 라테'라고도 한다. 브레베는 '하트 거품' 형태의 라테 아트를 많이 볼 수 있다. 우유의 절반이 크림으로 대체됐기 때문에 풍부한 문양은 구현하기 어렵다. 또한 크림의 영향으로 커피색이 다소 연하다.

모카(Cafe Mocha): 진한 초콜릿

모카 커피란 예멘의 스페셜티 커피를 의역한 것으로, 초콜릿 커피라는 뜻이며 라테의 변종이다. 일반적으로 에스프레소를 베이스로 해서 스팀 우유와 초콜릿 시럽을 섞은 후 우유 거품으로 덮는다. 그런 뒤 거품 표면에 초콜릿 가루나 시럽을 뿌리면 완성된다. 모든 커피 중에서 당분 함량이 가장 높다.

모카라는 명칭은 홍해 부근 예멘의 모카 항에서 유래되었다. 15세기 커피 수출을 장악하고 있던 이 지역은 특히 아라비아 반도 지역의 커피 무역에 막대한 영향을 끼쳤다.

모카는 또한 '초콜릿색'의 커피 원두[예멘 모카(Yemen Mocha)에서 유래]를 일컫기도 하는데 여기서 사람들은 커피에 초콜릿을 섞는 방안을 착안해 냈고 더 나아가 초콜릿 에스프레소 음료를 만들기에 이르렀다.

플랫 화이트(Flat White): 오스트레일리아 화이트

플랫 화이트의 기원에 대해서 오스트레일리아인과 뉴질랜드인은 끊임없이 논쟁을 벌였다. 유력한 가설은 70년대 오스트레일리아에서 발명된 후 80년대 뉴질랜드에서 한층 업그레이드되어 오세아니아 주 고유의 커피가 되었다는 것이다. 플랫 화이트는 카푸치노가 변형된 이탈리안 커피다. 흔히 플랫 커피는 '화이트 커피'로 번역되지만 정확한 번역은 아니다. 말레이시아의 화이트 커피가 진정한 화이트 커피이기 때문이다. 플랫 화이트는 '투 샷 빠른 추출' 즉 더블 에스프레소의 전반 15초 추출로 유명한 리스트레토 추출방식을 사용한다. 또한 이 커피는 최고급 수준의 부드러운

(에스프레소 2oz + 스팀 유유 4oz
+ 마이크로폼 유유 = 플랫 화이트)

우유거품을 필요로 하는데, 투 샷 에스
프레소에 일명 '마이크로폼' 스팀밀크
를 넣는다. 이 거품은 감촉이 매우 섬세
하고 부드러울 뿐만 아니라 표면에 광
채를 띠기도 한다.
평평한 커피 표면에 흰색의 '점'을 넣는
다 하여 '플랫 화이트'라고 부른다.

(에스프레소 2oz + 뜨거운 물 3oz
= 아메리카노)

아메리카노(Americano):
위대한 아메리카노

"물을 부어 콜라처럼 마신다!" 이탈
리아인은 아마 이런 생각으로 아메
리카노를 만들어냈을 것 같다.
투 샷 에스프레소에 뜨거운 물을 부
으면 바로 아메리카노가 되고, 여기
에 얼음을 추가하면 '아이스 아메리
카노'가 된다. 물론 여기서 말하는
아메리카노는 이탈리아 버전 아메
리카노를 일컫는다. 미국 본토에 있
는 진정한 아메리카노는 사실 커피
메이커로 내린 커피다.

**에스프레소가
기본!**

"조그맣다고 우습게 보지 말아요, 에스프레소가 들어가야 제
대로죠!"

이탈리안 커피를 이렇게 표현하는 것은 조금도 지나치지 않
다. 이탈리아인은 한 잔의 에스프레소로 하루를 시작한다. 라테의 부드러움과 카푸
치노의 중후함이 곁들여진 이탈리아인의 아침 식사는 따스함으로 넘쳐난다.
사람들은 광장에 나가 마키아토나 브레베를 한 잔 주문한 후, 눈앞에 펼쳐진 다비드
상과 고대 로마 건축물을 바라보며 몇 세기 동안 이어져 온 문화의 정수를 맛본다.
옆 좌석 사람들은 모카 커피로 오후를 즐기고 있고, 카페 밖의 행인은 아메리카노를
마시며 지나간다.
이것이 바로 커피와 문화의 성지 이탈리아다!

"una volta assaggiato il
caffè italiano, non se ne
vuole più toccare nessun
altro tipo."

"이탈리안 커피를 한번 맛보면
다른 커피는 쳐다보기도 싫어질 겁니다."

★★★

Chapter 3

낭만적인
프랑스

프랑스에서 꼭 마셔야 하는 두 가지가 있다. 하나는 와인, 또 하나는 커피! 공교롭게도 이 두 가지는 보르도와 관련이 있는데 프랑스에서 가장 오래된 와이너리 (Winery: 양조장)가 생겼고, 세계 무역의 주종을 이루는 커피 또한 이 지역과 관계가 깊다. 커피 원두를 맨 처음 프랑스에 들여온 곳이 바로 보르도 항구이기 때문이다. 수백 년 동안 커피는 이 도시에 깊고 깊은 흔적을 남겨두었다.

프랑스인은 커피 맛보다 그 분위기를 즐긴다고 하는 편이 더 적절할지도 모르겠다. 길거리 작은 카페의 테이블에 앉아 책도 읽고, 글도 쓰고, 또 지인들과 함께 담소를 나누며 시간 보내는 걸 좋아하기 때문이다. 그래서 프랑스인이 커피를 마실 때 가장 중요한 것은 여유로운 '빈둥거림'이다. 프랑스 특유의 카페 문화는 여기에서 생겨났다.

"내가 집에 없으면 카페에 있는 것이고, 카페에 없으면 카페 가는 길에 있을 것이다." 17세기 말 18세기 초 유럽에서 유행한 이 말은, 당시 프랑스 카페 문화에 대해 더없이 잘 설명해준다. 그 시기의 카페는 그야말로 예술가의 낙원이자 문학가의 서재였으며 사상가들의 토론장이었다. 그 당시 가난한 화가였던 반 고흐도 아를의 카페 드 라르카사르(Cafe de l'Alcazar)에서 명작 〈아를의 밤의 카페〉(카페 드 라 가르를 배경으로 그림)를 남기기도 했다.

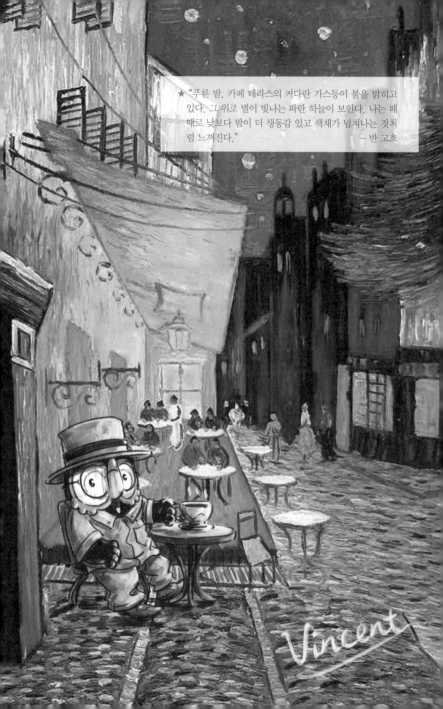

★ "푸른 밤. 카페 테라스의 커다란 가스등이 불을 밝히고 있다. 그 위로 별이 빛나는 파란 하늘이 보인다. 나는 때때로 낮보다 밤이 더 생동감 있고 색채가 넘쳐나는 것처럼 느껴진다."
— 반 고흐

Vincent

센 강변 좌측

"좌측 강가에 사는 사람들은 카페에서 예술을 논하고,
다른 지역 사람들은 카페에서 커피를 마신다."

프랑스 카페 문화를 말하자면 센 강의 좌측 길을 빼놓을 수 없
다. 이곳은 카페 문화의 발원지이자 프랑스 문화가 태동기와 전성기를 거쳐 마지막
쇠락기에 접어들 때까지 그 모든 것을 지켜본 산 증인이기 때문이다.
센 강변 좌측을 거닐다가 쉬고 싶어지면 아무 때나 골목을 돌아서 카페로 들어가라.
헤밍웨이가 앉았던 의자나 사르트르가 집필하던 불빛 아래에서 커피를 주문해보자.
피카소가 된 듯이 창가에 기대어 멍하니 풍경을 감상해도 좋고 우아한 프랑스 미녀
를 바라보아도 좋다. 상상만 해도 이 얼마나 신나는가!
당신은 우디 앨런의 영화 〈미드나잇 인 파리〉(2011)의 주인공이 되는 거다.

영화는 환상적인 현실주의
기법을 사용하여 주인공을
1920년대로 데려간다. 낭
만과 격정으로 가득했던 그
시대를 체험하는 것은 눈물
나도록 짜릿한 축복 아니겠
는가!

★ 〈미드나잇 인 파리〉(2011)

★ 카페 드 플로르(café de Flore)

강변 좌측에서 비교적 유명한 카페로는 카페 드 플로르(café de Flore), 레 되 마고(Les Deux Magots), 르 프로코프(Le Procope) 등이 있다.

그 가운데 가장 유명한 곳은 카페 드 플로르다. 여기서 피카소는 늘 사방을 두리번거렸고, 사르트르와 보부아르는 사랑을 속삭였다. 또한 이곳에는 볼테르의 39번째 커피가 있고 쉬즈모(徐志摩: 중국 현대시의 개척자)의 시적 영감이 배어 있다.

이름처럼 생동감 넘치는 카페 드 플로르는 프랑스에서 제일 유명한 카페이자 아마 세계에서도 이름난 카페 중 하나일 것이다. 누군가 이런 말을 했다고 한다. 만일 카페 드 플로르가 문을 닫는다면 그건 프랑스가 망한 거라고 말이다.

카페 드 플로르 대각선 맞은편에는 레 되 마고(Les Deux Magots)가 있다. 중국에서는 '솽쏘우'(双叟: 두 노인이라는 뜻) 카페라고 부르는데 카페가 문을 열 당시 〈중국에서 온 두 노인〉이라는 연극이 파리에서 공연되었기 때문이라고 한다. 레 되 마고는 신인 작가들에게 수여하는 '레 되 마고 문학상'으로도 유명하다.

이곳의 가장 유명한 단골손님으로는 헤밍웨이를 꼽을 수 있다. 주로 햇볕이 잘 드는 창가에 앉아 《해는 또다시 떠오른다》(The Sun Also Rises) 등의 명작을 저술하였다. 이를 기념하기 위해 그의 이름이 새겨진 '헤밍웨이의 의자'를 오늘날까지 보존하고 있다.

"저마다 다른 청춘들이 하나의 미망 속에 헤맨다. 그러나 세월이 흐르면 혼돈은 사라질 것이다. 어두운 밤이 지나면 해는 또다시 떠오르니까."

_《해는 또다시 떠오른다》 중에서

★ 헤밍웨이의 의자(1899-1961)

또 하나, 프랑스 최초의 카페 르 프로코프(Le Procope)가 있다. 1686년 오픈한 이후 지금까지 고풍스런 느낌의 전통 인테리어를 그대로 유지하고 있다. 이곳에 앉아 있으면 18세기의 사상가 루소와 볼테르가 격론을 벌이는 소리가 어렴풋이 들릴지도 모른다. 또한 디드로(Denis Diderot)가 이곳에 앉아 세계 사회 발전에 지대한 영향을 미친 대작 《백과전서》를 집필하는 모습을 발견할지 모른다.

센 강변 좌측 길이 유명한 것은 유구한 역사 덕분이기도 하지만 거리 곳곳에 가득 찬 지적이면서 문화적인 분위기 때문이기도 하다. 물론 이곳의 카페 문화도 빼놓을 수 없다.

이 매혹적인 카페들은 프랑스 혁명, 프랑스 문화의 흥망성쇠를 지켜본 역사의 산 증인이다. '강변 좌측 길'의 의의는 바로 여기에 있다.

★ 르 프로코프 카페 입구의 간판(1686)

노천카페

프랑스에서는 번화한 대도시든 외떨어진 시골 마을이든 사람들이 살고 있는 곳이라면 반드시 카페가 있다. 광장 한 켠, 백화점 안, 길모퉁이, 제방 옆 심지어 에펠탑 위까지 각양각색의 크고 작은 카페들이 있다. 클래식한 분위기부터 모던한 분위기까지, 화려한 장식으로 꾸민 곳부터 심플함을 강조한 곳까지 카페의 분위기와 인테리어 역시 천차만별이다.

가장 특색 있고 낭만적인 분위기를 간직한 곳은 길거리 골목 끝에 자리한 노천카페다. 사람들은 이곳을 '서민 카페'라고 한다. 이러한 노천카페가 흥미로운 이유는 테이블과 의자가 마치 극장의 구조처럼 전부 거리를 향해 있다는 점이다.

★ 파리의 노천카페

★ 노천카페 앞 해변

알록달록 거리를 수놓은 노천카페의 의자들과 파라솔은 이 거리의 트레이드마크로 자리 잡은 지 오래다.

이곳에서는 5유로만 지불하면 테이블 하나를 골라 앉아 향기로운 커피 한 잔을 즐기며 아무 목적 없이 신문을 보는 척 할 수 있다.

지인들과 정겹게 수다를 떨 수도 있고, 아니면 아무것도 하지 않은 채 조용히 두 눈을 감고 명상에 잠길 수도 있다. 그렇지만 두 눈을 감고 있는 건 상당히 손해라고 생각한다.

당신이 앉아 있는 의자는 관중석이다. 그 옆에는 초대받은 화려한 VIP들이 앉아 있다. 눈앞에 지나가는 사람들은 '강변 런웨이 쇼'를 펼치고 있다. 거리의 악사는 당신을 위해 아름다운 선율을 연주하고 있다.

이처럼 어마어마한 선물을 5유로에 누릴 수 있다!

★ 노천카페 런웨이 쇼

프랑스식

앞서 말했듯이 프랑스인은 커피를 마실 때 맛보다는 환경과 분위기를 중시한다. 이 점은 미국인과 비슷하다. 재미있는 건 이 두 나라 사람들이 서로 못마땅해 한다는 사실이다. 미국인은 프랑스인이 게으르다며 흉본다. 저녁 때까지 하루 종일 카페에서 커피만 마실 뿐 일자리를 찾지 않는다는 것이다. 반면 프랑스인은 미국인에게 삶에 대한 깊이가 없다고 투덜댄다. 그저 죽어라 일만 하고 생활을 즐기지 못한다는 것이다. "인생은 짧다. 순간을 즐기자. 5유로만 지불하면 하루 내내 폼 나게 보낼 수 있는데 도대체 누가 더 경제적이란 말인가."

전형적인 프랑스식 생각이다. 그들의 게으름 뒤에는 삶에 대한 영민함이 숨어 있는데 그것이 바로 프랑스인만의 개성이다. 이 점은 "항상 낙천적인 태도를 지녀라. 진지하면 지는 거다. 인생을 즐기는 것이야말로 가장 중요한 일이다"라고 여기는 이탈리아인과 많이 닮아 있다. 프랑스와 이탈리아 두 나라에서 맛있는 음식과 좋은 술이 많이 나는 이유도 바로 여기에 있는 것 아닐까?

프랑스인은 커피와 관련해서 무언가 발명해내기보다 훌륭하게 개량해내는 편이다.
예를 들면 프렌치프레스, 사이펀 같은 것들이다.

프렌치
커피

프렌치프레스

프렌치프레스(French Press)라는 이름을 듣자마자 프랑스인이 발명했을 거라 추측하는 이들이 많다. 하지만 그렇지 않다. 가장 오래된 프렌치프레스는 이탈리아인이 발명한 것이다. 이후 독일의 멜리타(Melitta) 부인이 여과 원리를 이용하여 개량하였고, 마지막으로 프랑스인이 다시 또 개량하여 널리 보급한 것이 오늘날의 프렌치프레스다.

사이펀

프랑스인이 즐겨 사용하는 또 다른 기구는 바로 사이펀(Syphon)이다. 최초의 사이펀은 1840년 영국의 해양학자인 로버트 나피어(Robert Napier)가 화학 실험용 시험관을 모델로 하여 만든 진공식 포트다. 2년 후, 프랑스의 마담 바시우가 로트와 플라스크를 결합시킨 진공식 포트를 만들었는데 모두에게 익숙한 상하 대류식 사이펀이 이때 탄생된 것이다.
이후 완벽함을 추구하는 일본인들이 더욱 발전시킨 결과 오늘날 일본의 많은 카페에서 맛있는 사이펀 커피를 즐길 수 있게 되었다.

★ 사이펀(1842)

카페오레

가장 정통적인 프랑스 커피는 당연히 그 이름도 유명한 카페오레(café au lait)다. 전형적인 프랑스 아침식사용 커피로 크루아상과 함께 즐기기에 매우 적합하다.

카페오레의 베이스에는 프렌치 등급으로 로스팅한 원두가 쓰인다. 여과 방식을 통해 추출한 커피 원액에 우유 50%를 섞어 만든다.

카페오레는 아메리칸 라테나 이탈리안 라테와 다르다. 가장 큰 특징은 커피 원액과 뜨거운 우유를 동시에 컵에 따를 때, 둘이 맨 처음 만나는 바로 그 순간, 왠지 모를 한적한 자유의 기분이 든다는 것이다. 입안에 느껴지는 맛은, 에스프레소 방식이 아닌 여과 방식으로 추출한 커피 위에 절반가량의 우유를 넣었기 때문에 우유의 향이 좀 더 강하게 난다고 할 수 있겠다.

낭만의 프랑스

"천 번의 키스보다 달콤하고 여러 해 묵은 술보다 향기로워라.
커피만 내 곁에 있어 준다면 일평생 기꺼이 혼자 살아가리!"

_발자크

프랑스 커피는 벨벳처럼 낭만적이고 무드가 넘쳐난다. 반면 프랑스 카페는 예술적이고 격정이 가득해서 갑자기 울컥하는 기분이 들 때가 있다!
발자크는 일찍이 이런 말을 남겼다. "카페의 테라스는 민중의 회의실이다."
민중은 카페에서 프랑스 문화의 흥망성쇠를 지켜보았다. 프랑스에서 카페는 '자유, 평등, 박애' 정신의 발원지이며, 예술가와 시인의 정원인 동시에 사상가와 철학가의 토론장이기도 하다.

**우리 프랑스의 카페에는 매우 깊은 의미가 담겨 있어요.
여기선 커피보다 카페가 더 위대하답니다!**

★★★★

Chapter 4

몽환적인
터키

지역적으로 볼 때 터키(튀르키예)는 유럽과 아시아 대륙을 횡
단한다. 가장 전성기였던 16세기 오스만 제국 때는 유럽,
아시아, 아프리카 세 대륙을 가로지른 적도 있었으니 그야
말로 천혜의 축복을 받은 나라다.

따라서 터키는 세계적으로 명성 높은 유럽 커피와 아시아를 풍미한 향료까지 두 가
지 보물을 두루 갖추고 있다.

커피
계시록

유럽 커피의 시조인 터키 커피는 그 역사가 무려 800~900년가량 된다. 16세기경 예멘에서 당시 오스만 제국으로 전해졌고 이후 네덜란드인이 커피를 유럽과 전 세계에 퍼뜨렸다.

터키에 현대적 카페의 기원이 있다. 1554년 오스만 제국의 수도 콘스탄티노플(오늘날 이스탄불)에 유럽 최초의 카페가 출현했다. 이때부터 카페 문화가 유럽에 확산되기 시작했다. 그 당시의 카페는 초기 아라비아의 '길거리 카페'에서 변모한 것이다.

아마도 터키인은 땅바닥에 앉아 커피를 마시는 모습이 점잖지 못하다고 생각한 것 같다.

★ 아라비아의 '길거리 카페'

★ 키바 한(Kiva Han, 1554): 유럽 최초의 카페

그래서 사람들을 건물 안으로 옮겨서 마시도록 했는데 이것이 바로 현대적인 카페의 원형이다. 오스만 제국의 첫 카페가 문을 열자 커피 문화가 유럽에 전파되었다. 먼저 오스만 제국과 상당히 우호적인 관계를 맺고 있던 베네치아로 옮겨 갔고 이후 네덜란드인이 식민지에 커피나무를 심기 시작하면서 커피 원두가 유럽에 전파되었다. 커피 열풍은 이렇게 해서 유럽을 석권해 나가기 시작했다.

"몇 세기를 호령한 청동 주전자, 이브릭"

터키 커피는 가장 원초적인 커피 맛을 지니고 있다. 아라비아의 가장 오래된 추출법을 보존하고 있기 때문이다. 만드는 방법은 간단하다. '이브릭'(ibrik)이라 불리는 작은 청동 주전자에 미세하게 분쇄된 커피가루와 물을 함께 넣은 다음 반복적으로 끓여내면 오리지널 터키 커피가 된다.

터키인은 커피를 마실 때 커피가루를 여과하지 않는다. 커피를 매우 미세하게 갈기 때문에 대부분의 커피가루가 컵 밑바닥에 가라앉는다. 그래서 아주 고운 입자의 커피가루를 함께 마시게 되는데 이게 바로 터키 커피의 가장 큰 특징이다. 한약처럼 푹 달인 터키 커피는 표면상 걸쭉한 거품이 있을 뿐 아니라 그 안에 커피 찌꺼기가 포함돼 있어서 입안에서 마치 흑임자죽처럼 묵직하다. 또한 강도 높게 볶은 원두를 사용하기 때문에 처음에는 매우 쓴맛이 나다가 조금 지나서 비로소 커피의 향을 느낄 수가 있다.

터키인은 보통 각설탕을 넣어 함께 마신다. 터키 커피는 설탕을 얼마나 넣느냐에 따라 skaito(쓴맛), metrio(약간 단맛), gligi(단맛) 세 종류로 나뉜다.

터키 카페에서 커피를 주문하면 종업원이 먼저 얼음물 한 잔을 가져다주며 입 안을 깔끔하게 헹굴 것을 권한다. 미각을 예민하게 만든 다음 터키 커피의 '쓴맛'과 '단맛'을 천천히 잘 음미해보라는 뜻이다.

그런데 얼음물만 제공하는 것이 아니라 일부 카페에서는 물 담배를 권하기도 한다. 터키 커피를 마시면서 물 담배를 즐기는 게 어떤 기분일지 상상할 수 있겠는가!

터키 풍습

"살아 있는 내내 후루룩거려라!"

만일 터키 카페 앞을 지나다가 노인들이 그곳에서 "후루룩~ 후루룩" 소리 내며 커피 마시는 광경을 본다 해도 망측하다고 여기지 말라! 터키 커피는 바로 이렇게 마시는 거니까! 후루룩거리는 소리가 크면 클수록 커피 맛이 좋다는 뜻이다. 마치 이탈리아에서 스파게티를 먹을 때처럼 말이다. 하나의 세계, 하나의 후루룩! 물론 끝까지 후루룩거릴 필요는 없다. 터키 커피 안에는 찌꺼기가 남아 있기 때문에 끝까지 마시다 보면 그 결과가 어찌 될지는 짐작할 수 있으리라!

터키나 중동에서 손님을 집에 초대하여 커피를 내놓는다면 그건 가장 진심 어린 환대를 뜻한다. 따라서 손님은 커피 맛을 칭찬하는 것 외에 하나 더 명심해야 할 것이 있다.

그건 바로 입안에 아무리 커피 찌꺼기가 가득 차더라도 절대 물을 마시면 안 된다는 것이다. 손님이 물을 마신다는 것은 커피가 맛없다는 뜻이기 때문에 큰 실례가 된다.

"향을 피우고 목욕재계한 후 커피를 마셔라!"

중동 지역에는 터키 커피든 아라비아 커피든 아직까지 신비한 초기 종교의식 같은 게 남아 있어서 이곳 사람들은 '커피의 도(道)'를 중시한다. 다도(茶道)의 일종이라고 생각하면 되겠다.

커피를 마실 때, 향을 피우고 목욕을 해야 하며 향료를 뿌리고 그 향을 맡는다. 마치 진귀하고 아름다운 커피 기구 사이로 아라비안나이트의 정취가 듬뿍 스며드는 느낌이다.

전통적인 터키 커피나 아라비아 커피는 라일락 향(정향), 육두구, 계피 등 향료를 가미해서 마신다. 아라비아인은 향기로 가득한 이런 분위기가 마치 사향이 사람의 영혼을 매료시키는 것과 같다며 극찬한다.

"잔을 다 비우고 돌아가오. 당신을
곧 신부로 맞이하러 오겠소!"

세계적으로 유명한 이 그림을 본 이들
도 있을 것이다. 이 그림에는 터키를 비
롯한 아랍권의 풍습이 담겨 있다.

청년이 선을 보러 가면 여인은 커피를
내온다. 상대방 청년이 마음에 들면 설
탕이 많이 들어간 커피를 내온다. 이 달
콤한 커피에는 "저도 당신이 마음에 들
어요. 우리 서둘러요"라는 속마음이 숨
어 있다.

만일 설탕을 넣지 않은 쓰디쓴 커피가
나오면 "전 당신이 마음에 들지 않아요"
라는 의미다. 또 만약 커피에 소금을 넣
었다면 이런 뜻이다. "빨리 가주세요. 다
시는 여기 얼씬거리지 마세요."

★ 〈커피를 나르는 여인〉(1857) 존 프레더
릭 루이스(John Frederick Lewis)

남자 쪽에서 커피를 단숨에 다 마
신 후 여자가 들고 온 쟁반 위에 빈
잔을 얹어놓으면 이 여자를 받아
들이겠다는 의미다. 그러나 남자
가 다 마시지 않고 남긴다면 좀 더
생각해보겠다는 뜻이다.

그러니 청년들은 터키 여행을 갔
을 때 각별히 조심해야 한다. 미혼
여성이 있는 집에서 아무 생각 없
이 커피를 다 마셔버렸다가는 터
키 신부를 맞아 귀국하게 될 수도
있다.

"터키 커피는 그냥 커피가 아니야!"

터키에는 커피 점을 치는 문화가 있
다. 걸쭉한 터키 커피를 마신 후 서
둘러 자리를 뜨지 말라. 그러면 '기
적을 목격하는 순간'을 놓치게 될
테니까.

터키에는 직업적으로 커피 점을 치
는 사람이 있다. 이들을 터키의 크
고 작은 카페 안에서 쉽게 찾아볼
수 있다. 커피 점은 터키인이 친구
들과 모였을 때 재미로 꼭 해보는
놀이 중 하나다.

커피를 다 마신 후 남은 찌꺼기가
그린 모양을 보고 점을 치는 것인데
심리학의 잉크반점(inkblot) 검사와
비슷하다.

커피 점을 볼 때 몇 가지 유의할 사
항이 있다.

먼저 커피 점에 쓰이는 커피는 반드
시 진한 터키 커피여야 하고, 설탕
이나 우유 또는 기타 다른 첨가물이
들어가서는 안 된다. 마시는 사람은
오른손으로 커피 잔을 잡고 잔의 한
쪽 면으로만 마셔야 한다.

점을 치기 가장 좋은 날은 화요일과
금요일이다. 일요일과 공휴일은 적
합하지 않다고 한다.

1단계: 커피를 마실 때 다 마시지 말고 조금 남긴다. 그런 다음 커피 잔 위에 커피 잔 받침을 덮는다.

2단계: 커피 잔 받침을 살짝 흔든 후 시계 반대 방향으로 몇 차례 돌리면서 무엇에 대해 점을 칠 것인지 속으로 생각한다. 그다음 조심스럽게 컵을 뒤집어 놓는다.

3단계: 커피 잔 받침을 테이블 위에 가만히 두고 잔이 식을 때까지 기다린다. 이때 잔위에 동전이나 반지 같은 걸 올려두면 훨씬 더 빨리 식힐 수 있을 뿐만 아니라, 잔에서 읽히는 불길한 징조를 없앨 수 있다고 한다.

4단계: 잔을 열고 잔에 남아있는 커피가루로 점을 본다.

보름달형: 축하축하, 당신은 행운아! 신의 가호가 깃들어 있으니 목표한 대로 자신 있게 밀고 나가라!

초승달형: 한동안 저기압. 매사에 신중할 것. 사람과 일을 대할 때 항상 겸손할 것. 조급해 하면 아무것도 이룰 수 없으니 인내심을 가지고 진행하라!

하트형: 마음을 잘 추스리고 정성껏 자기 자신을 가꿀 것. 곧 사랑하는 이가 나타나리라!

해골형: 곧 좋지 않은 일이 닥쳐올 것. 마음을 굳게 먹고 난관을 극복하라!

그 외에도 여러 해석이 있다. 새 모양은 뜻밖의 경사, 사각형 모양은 재물, 파이프 모양은 여행 계획 등 셀 수 없이 많다.

터키 커피 점은 40일 정도만 예측할 수 있다고 한다. 40일 이후에 발생하는 일은 예측해 내지 못한다.

식후의 오락거리로 여기든지 길흉을 예측하는 진지한 점술로 여기든지 간에 커피 잔을 통해 점을 보는 것은, 터키 커피만이 지닌 중요한 특징이다. 사람들은 한 잔의 터키 커피에서 일상의 이런저런 조언을 구할 뿐 아니라 친구들과 담소를 나누며 일종의 심리치료 효과를 얻는다. 커피를 마신 후 가볍게 즐길 수 있는 놀이로 이보다 안성맞춤은 없을 것이다.

몽환적인 터키

"커피 한 잔을 같이 마시면 40년간 우정을 나눈다."

이는 터키의 유명한 속담이다. 터키 사람들의 생활에서 커피가 얼마나 중요한 위치를 차지하는지 잘 보여주는 말이다. 《천일야화》 속 지니(알라딘 램프의 요정)가 연상되지 않는가.

터키를 방문할 기회가 있다면 꼭 한번 터키 커피를 마셔보기 바란다. 그저 단순한 커피 그 이상임을 발견하게 될 것이다.

★★★★★

Chapter 5

개성적인
동남아

자유분방한 커피

찬란한 태양, 금빛 모래사장, 푸른 바다, 파란 하늘… 동남아인의 정열적이고 자유분방한 성격은 이러한 자연환경에서 비롯됐는지도 모른다. 동남아시아를 돌아다니다 보면, 예를 들어 싱가포르의 길거리, 베트남의 길모퉁이, 말레이시아의 구시가 등지에서는 두세 발짝만 걸어가면 카페를 쉽게 만날 수 있다. 어떤 곳은 그럴 듯한 건물조차 없다. 바깥에 '카페'라고 써 있지만 들어가 보면 그냥 식당이다. 그렇다, 이게 바로 동남아인의 자유분방함이다. 카페의 'cafe'를 자기들끼리 편하게 '코피티암'(kopitiam: 음료와 식사를 판매하는 동남아시아식 커피하우스)이라 부르고, 메뉴판의 'Kopi O'와 'Kopi C'는 영어에 자신만만한 유럽인이나 미국인도 무엇을 뜻하는지 잘 모른다. 아마 에스프레소(Espresso)와 카푸치노(Cappuccino)에 해당하는 것 같다. 이런 게 바로 동남아 커피의 특색이다. 커피에서 일종의 친절함과 자유분방함이 묻어나온다. 한 잔의 커피와 밀짚모자 그리고 여유!

"달리면서 마시자!"

동남아 커피의 맏형은 베트남 커피다.
카페가 오토바이 숫자만큼 많은 나라(물
론 좀 과장되었다), 오토바이를 타고 가면
서 커피를 마시는 국민들, 서너 발짝만
걸으면 카페가 나오는 도시 경관….
앞서 커피 원두를 설명할 때 동남아는
로부스타 품종의 최대 재배지역이라
고 말한 적이 있다. 그중 최대 재배 국가
는 바로 베트남이다. 이 때문에 인스턴
트커피 제조 산업이 발달하였고, 인스
턴트커피 원재료를 가장 많이 공급하는
국가가 되었다.

베트남인의 커피 입맛은 상당히 독특하다. 원두를 로스팅하는 과정에서 버터(간혹 식물성 기름)를 넣는다. 더구나 '프렌치'(강배전) 등급으로 로스팅한 후, 여과 방식으로 추출하여 연유를 넣어 달게 마시는 습관이 있다. 별나지만 맛은 아주 특별하다!

먼저 지독하게 쓴맛이 이마를 번쩍 하고 치면서 마치 악마를 만나는 듯한 기분이 들다가 곧이어 연유의 달콤한 맛이 슬슬 우러나오면… 와위! 악마가 아니라 천사였군! 정말이지, 지옥과 천국을 오가는 기분이랄까!

베트남 커피 포트, 카페핀

베트남에는 '베트남 포트'(Vietnamese Pot) 일명 '카페핀'(Cafe Phin)이라는 매우 재미있는 커피 기구가 있다. 중국인들은 '띠띠진'(滴滴金)이라고도 부른다. 카페핀은 베트남인이 커피를 추출할 때 사용하는 기구다.

사실은 프랑스식 여과 기구의 일종인데 커피를 한 방울 한 방울(중국어로 띠띠진의 '띠띠'가 물방울 떨어지는 소리 _역주) 천천히 커피 잔 안으로 흘러내리는 것이 특징이다.

전체 추출에 약 10분 정도 소요되니 느린 추출방식에 속한다.

베트남이 동남아 최대 커피 원두 생산국이긴 하지만 품질 면
에서 가장 우수한 나라는 인도네시아다. 17세기 네덜란드
인에 의해 이곳(당시의 자바 섬)에 커피가 들어왔는데 일찍
이 자바 커피는 최고급 커피의 대명사였다.

과거 이곳에 심은 원두는 전부 아라비카 품종이었다. 그런데 커피 녹병(coffee leaf
rust)이 인도네시아 자바 섬 내 수많은 지역을 덮치는 바람에 커피나무 재배 농가들
이 크나큰 손실을 입었다. 전체 아라비카 품종 중 1/10만이 살아남았다. 그것도 대부
분이 수마트라 섬에 있는 나무였다. 그 이후 네덜란드인이 병충해에 강한 로부스타
품종을 들여왔지만 맛이 아라비카 품종에 훨씬 못 미쳤기 때문에 예전 인도네시아
커피의 영광은 더 이상 재현되지 않았다.

인도네시아 커피의 지존은 만델링이다. 수마트라 섬에서 생산되기 때문에 '수마트
라 커피'라고 부르기도 한다. 만델링의 풍미는 매우 진하다. 풍부한 향, 쓴맛, 깔끔함
을 고루 지니고 있으며 캐러멜 느낌에 약간의 약초 맛 그리고 박달나무 향도 지니고
있다. 마셔 보면 묵직하고 강렬한 느낌이 들기 때문에 '남성의 커피'라고 불린다.

만델링 가운데서도 골든 만델링은 원두를 직접 손으로 정성스럽게 골라내어 결점두가 거의 없으며 반짝반짝 윤이 난다. 가히 만델링 커피 중에서도 챔피언급이라고 말할 수 있다. 진정한 최고급 골든 만델링은 P.W.N 인증을 받는데 'Golden Mandheling' 상표를 소유하고 있는 파와니(Pawani) 커피사(약칭 P.W.N)의 마크다.

사향 고양이 커피, 코피 루왁

사향 고양이 커피(인도네시아어로 코피 루왁, 일명 '고양이똥 커피')는 사향 고양이가 배설한 원두를 채집하여 가공 판매하는 것이다. 좀 더 자세히 설명하면 사향 고양이가 잘 익은 커피 열매를 먹고 나면 소화과정을 거쳐 체외로 커피 씨앗을 배출하는데, 이를 세척과 건조 등의 엄격한 가공 후 '고양이똥 커피'로 판매하는 것이다. 커피콩이 고양이 위(胃)에서 발효를 거치기 때문에 매우 특별한 맛과 향이 더해진다. 생산량이 매우 적은 까닭에 국제 시장에서 매우 비싼 커피 중 하나가 되었다.

하지만 나 올리는 여러분 모두 이 커피를 거부할 것을 강력히 주장한다. 왜냐하면 일부 몰지각한 상인들이 사향 고양이를 좁은 우리에 가두어 사육하면서 커피 열매만 먹이며 학대하기 때문이다. 결국 고양이들은 극심한 스트레스로 인해 서로 물어뜯고 한 마리씩 죽어간다. 그러니 이제부터 코피 루왁을 거부하길 바란다. 또한 주변의 친구들에게도 코피 루왁 불매운동에 동참해달라고 호소해주기를 부탁드린다.

"화교의 맛"

말레이시아와 싱가포르의 커피 문화에는 공통점이 있는데 바로 둘 다 민난(閩南) 지역의 화교들이 가지고 들어왔다는 것이다. '하이난 치킨 라이스'처럼 말이다. 하이난 치킨 라이스는 싱가포르 대표 요리이지만 실은 중국 하이난 원창시에서 전해졌다.

특히 싱가포르 사람들은 민난어 발음을 사용하여 커피를 'kopi'라고 부른다. kopitiam(싱가포르의 카페를 지칭하는 단어) 역시 기본적으로 민난어의 '커피점'을 음역한 것이다.

싱가포르에는 'Kopi Tarik'(코피 테타릭)이라는 재미난 이름의 커피가 있다. 'tarik'은 '잡아당긴다'라는 뜻인데 만들 때 컵 두 개로 커피를 왔다갔다 하면서 따르는 모습이 쭉~ 잡아당기는 것 같다고 하여 이러한 이름이 붙었다. 처음엔 커피의 온도를 낮추는 역할이었는데 마치 카푸치노 커피처럼 거품이 많아졌다. 그래서 이 커피를 'kopiccino'라고도 부른다. 스타벅스의 'frappuccino'(프라푸치노)란 이름이 탄생한 것과 비슷한 예라 하겠다.

물론 코피 테타릭을 만들기 위해서는 고도의 테크닉이 필요하다. 테크닉이 없다면 그 뒷일은… 상상에 맡기겠다.

말레이시아
이포(Ipoh)

화이트 커피
화교들의 커피!

말레이시아에서 가장 유명한 이포 올드 타운의 화이트 커피는 '화교들의 커피'라고
불린다. 말레이시아로 이주한 화교들이 고안해내어 이런 이름이 붙었다. 반세기 전
말레이시아 이포의 올드 타운에서 시작되었다. 말레이시아 화이트 커피는 말레이시
아 특유의 리베리카(Liberica), 아라비카
(Arabica), 로부스타(Robusta) 원두를 혼
합하여 만든 커피다. 로스팅 과정 중 케
인 슈가(cane sugar: 사탕수수로 만든 설탕)
를 첨가하여 색이 훨씬 진하며 마실 때
설탕을 따로 넣을 필요가 없다.

화이트 커피는 설탕이 들어간 혼합 원
두를 저온 로스팅하여 가루로 만든 후
물에 타서 마시는 저지방, 저카페인
(<10%) 커피다. 무지방 크리머를 첨가하
여 커피의 쓴맛과 떫은맛을 최소화했
다. 화이트 커피는 커피라기보다는 커
피 음료에 좀 더 가깝다.

동남아 커피

'자유로운 영혼'의 베트남 커피, '상남자' 인도네시아 커피와 '뉴 페이스' 싱가포르 커피 그리고 '화교의 맛' 말레이시아 커피에 이르기까지 동남아인의 열정과 개성이 드러나지 않는 커피가 없다.

커피는 케이크나 크루아상과 함께 마셔야 한다고 누가 말했던가? 난 내 스타일대로 하이난 치킨 라이스에 화이트 커피를 마실 테야!

129

PART
THREE

커피
조직도

Story of Coffee

생활수준이 높아지면서 커피에 대한 관심도 더욱 높아졌다. 커피 산지나 농장에 대한 정보부터 커피의 품종과 가공 과정에 대한 것까지 세세히 관심을 갖게 되었고 더욱 우수한 품질을 요구하게 되었다.

3부에서는 여러분을 세계 유명 커피 산지로 안내할 예정이다.

성대한 커피 순례를 통해 세계 커피 산지의 독특한 문화를 알아보자.

브라질

남아메리카 커피 그룹은 한마디로 축구 강호의 각축장이다.

남미의 맏형은 브라질이다. 브라질은 원두 생산량 세계 제1위이고, 소비량은 미국 다음으로 2위다. 이는 마치 남미 축구랑 비슷한데, 브라질이 있는 한 어느 누구도 감히 1위를 넘볼 수 없기 때문이다.

그러나 이러한 사실이 브라질 원두의 품질이 최고라는 것을 뜻하지는 않는다. 왜 그럴까?

6, 70년대에 거물급 커피 브랜드가 이곳에 둥지를 틀고 정부가 적극 지원하면서 브라질 커피 재배 면적이 크게 확대되었고 기계화 생산 비율 또한 높아졌다. 그리하여 규모가 크고 잘 정비된 생산 라인이 자리 잡게 되었다.

이는 브라질의 축구와도 몹시 닮았다. 브라질에 가면 길거리, 골목 도처에서 축구 하는 사람들을 쉽게 발견할 수 있다. 축구 저변 인구가 많을 뿐만 아니라 유소년 훈련 캠프와 프로 축구팀 체계도 매우 훌륭하다. 하지만 그렇다고 해서 이곳의 축구 선수가 축구를 가장 잘 한다고 말할 수 있을까?

두려워하지 마~
우린 '패밀리'라고!

브 라 질 로

(역사상 가장 작은 수비수들)

9번 버본(Bourbon) 선수,
공을 몰고 상대팀 페널티
에어리어로
향하고 있습니다!

Bourbon
9

브라질이 커피 최대 생산국이긴 하지만 진정한 최고급 커피나 단품 커피는 그다지 많지 않다. 맛의 특징은 조금 '딱딱하고' 산미가 비교적 적으며 쓴맛이 강하기 때문에 상업용으로 많이 쓰인다. 마트나 체인 카페 등에서 '브라질 블렌딩'이라는 원두를 본 적이 있을 것이다. 가격이 상대적으로 저렴한 이탈리안 커피 원두의 일종으로 콩의 입자가 작고 쓴맛이 비교적 강하다.

브라질에서 생산하는 커피 품종은 상당히 다양하다. 버본(Bourbon)을 대표 주자로 해서 문도노보(Mundo Novo), 카투아이(Catuai) 등이 있는데 모두 아라비카 품종에 속한다. 그밖에 카네포라(Canephoro) 품종과 인공 교배한 이카투(icatu)가 있다. 이 가운데 버본이 가장 많이 생산된다. 알다시피 브라질은 공격수가 가장 많은 국가 아닌가….

Call me Neymar

santos

10

브라질 동남부의 세하두(Cerrado) 와 미나스(Minas) 지역에 몇몇 유명한 농장이 있는데 이 지역에서 브라질 최고 품질의 원두가 생산된다. 그중 가장 잘 알려진 것은 버본 산토스(Bourbon Santos)다. 축구로 치면 브라질 팀의 넘버원 스타플레이어 네이마르(Neymar)라고 할 수 있다. 산토스는 브라질 최고급 품질의 커피로 손색없다. 뚜렷한 산미와 과일향이 특징이며 뒷맛이 살짝 달콤한 것이 브라질 커피의 명품에 속한다.

콜롬비아 커피는 중남미 커피의 2인자로 불리기에 부족함이 없다. 브라질과 베트남 다음으로 세계 제3위의 생산량을 자랑한다.

커피가 콜롬비아 농업 생산 가운데 차지하는 비중이 매우 커서 약 1/4 정도 되며, 콜롬비아인 4명당 1명이 커피 업종에 종사하고 있다. 이는 커피 산업이 콜롬비아에서 얼마나 중요한지 잘 보여준다.

- 콜롬비아 -
4대 국보

커피   생화   황금   에메랄드

생산량과 규모에서 브라질과 비교할 수 없지만 콜롬비아 원두의 품종은 상당히 우수한 편이다. '소량의 명품 생산'을 채택했기 때문에 대부분 소규모 농장에서 출하한다. 품질을 보증한다는 전제 아래에서만 생산량을 높인다.

콜롬비아 커피는 전부 아라비카 품종이다. 따라서 원두가 잘 여물어 향기가 깊고 맛은 달콤하면서 중후하다. 풍부한 과일의 향도 빼놓을 수 없다.

콜롬비아 커피에는 200가지 등급이 있다고 한다. 입자가 가장 큰 최상품을 수프리모(Supermo), 조금 작은 최상품을 엑셀소(Excelso)라고 부른다. 스크린 사이즈(Screen Size) 18 이상(직경 18/64인치)의 수프리모 등급이 최고급 스페셜티 커피로 인정받는다.

콜롬비아 스페셜티 커피 중 가장 유명한 것은 '나리뇨(Narino) 커피'이다. 겉모양은 이름처럼 정교하고, 향기가 그윽하며 입자가 꽉 차 있다. '나리뇨 수프리모'는 마치 미스 콜롬비아처럼 콜롬비아를 대표하는 가장 귀한 커피다.

콜롬비아에서 가장 유명한 커피 브랜드는 '후안 발데즈'(Juan Valdez)다. 이 이름을 딴 체인점이 아메리카 전역에 퍼져 있기 때문에 길거리에서 쉽게 찾아볼 수 있다.
심지어 미국에서는 후안 발데즈가 스타벅스 같은 대기업에 절대 밀리지 않는다.
미국 〈타임〉지는 미국의 브랜드 가치를 계승해 나가는 기업으로 후안 발데즈를 꼽았으며, 구글(Google) 샌프란시스코 본사는 후안 발데즈 커피만을 공급받고 있다.

나리뇨 아가씨

커피는 콜롬비아의 자부심이다. 콜롬비아 인이 가장 좋아하는 화젯거리는 왕년에 자국의 축구가 세계 상위에 랭크된 적이 있었다는 것이고, 그 이야기가 끝나면 곧바로 커피 이야기가 이어진다.

커피 4대 영 파워

중앙아메리카 카리브 해 커피

남아메리카 커피의 두 거물인 브라질과 콜롬비아에 대해 살펴보았으니 이제 그 주변의 영 파워에 대해 알아보자. 아래 그림을 보면 이들의 관계를 한눈에 짐작할 수 있을 것이다.

과테말라

마야 문화 신봉 국가인 과테말라는 '커피 4대 영 파워' 중 우두머리 격이다. 스페셜티 커피 발전에 큰 공을 세웠기 때문이다. 과테말라의 대표 커피인 안티구아는 과테말라에서 가장 유명한 성지의 이름이기도 하다. 안티구아는 세계 유산을 간직한 고도(古都)로서 사방이 높은 산으로 둘러싸여 있고 해발 1500m 이상에 위치하고 있다. 이곳은 우수한 품질의 커피를 생산하기로 정평이 나 있다. 대부분 아라비카 품종이라 맛이 중후하고 우아한 향기를 머금고 있다. 또한 독특한 스모크 향을 갖고 있어서 '스모크 커피'라고도 부른다. 이곳의 커피는 해발에 따라 품질 등급을 매긴다. 해발이 높을수록 신맛과 중후함이 더해지며 원두도 더 단단해진다.

최고 등급의 원두를 'SHB'(Strictly Hard Bean)라고 부른다.

과테말라
별명: 안티구아(Antigua)

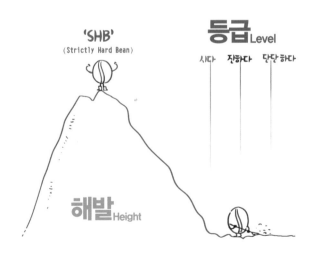

'SHB'
(Strictly Hard Bean)

등급Level

시다   진하다   단단 하다

해발Height

안티구아 외에도 과테말라에는 코반(Coban), 아티틀란(Atitlan), 우에우에테낭고(Huehuetenango) 등 유명 산지가 많다.

특히 코반은 우림 지역이라 강수량이 풍부하여 신맛이 선명하고 감귤과 와인의 깔끔한 향이 강하게 배어 있다.

마야의 커피 문화

과테말라에서 스모키한 향의 안티구아 커피를 마실 때, 당신은 어쩌면 옆 사람으로부터 흥미진진한 얘기를 듣게 될지도 모른다. 그건 바로 인디언에 관한 이야기다. 일찍이 과테말라 지역에는 지혜로운 마야인들이 살고 있었다. 하루의 노동이 끝나면 한 번도 본 적 없는 커피나무 아래에서 가장 원시적인 형태의 과테말라 커피를 즐겼다고 전해진다. 해가 서서히 저물어가는 수평선을 바라보면서 말이다.

파나마

파나마
별명: 게이샤

파나마는 '커피 4대 영 파워'
중 '넘버 투'다.
서쪽으로는 코스타리카, 동
쪽으로는 콜롬비아와 인
접하고 있으며 본관은 치
리키(Chiriqui) 주 보케테
(Boquete)다. ─파나마 커피
의 주요 산지다.

게이샤

파나마 커피에는 게이샤(Geisha)라는 별
명이 있는데 파나마에서 가장 유명한 품
종이다. 강렬한 꽃향기를 머금고 있으며
열대 과일과 베리 그리고 자스민 특유의
향이 조화를 이루고 있다. 여성들에게 폭
넓은 사랑을 받고 있기 때문에 '가장 섹시
한 커피'로 손꼽히기도 한다.
게이샤의 발음이 일본어의 '기녀'를 뜻하
는 단어와 비슷하여 간혹 '기녀 커피'라고
부르는 사람도 있지만, 그런 뜻과는 전혀
관계가 없다.

게이샤의 이동

게이샤는 에티오피아 서남쪽 카파(Kaffa) 지역에서 시작되었다. 그 뒤 케냐, 우간다, 탄자니아, 코스타리카를 거쳐 파나마에 이식되었다.

1963년 파나마에서 새배되기 시작한 게이샤는 생산량이 너무 적고 경쟁 입찰에 참가해야 했기 때문에 거래가 매우 어렵게 이루어졌다.

이후 파나마인의 정성스런 노력 덕분에 게이샤 재배는 한층 발전하였고 커피 시장에서 최고가를 형성하게 되었다.

그리하여 이전까지 커피 왕국의 왕좌를 차지하고 있던 자메이카 블루마운틴과 하와이 코나를 일거에 제압하고 말았다.

게이샤는 파나마 국왕급 커피로, 그중에서도 아시엔다 라 에스메랄다(Hacienda La Esmeralda)에서 생산되는 것은 최상급에 속한다.

코스타리카

코스타리카는 '커피 4대 영 파워' 중 '넘버 쓰리'다. 동쪽으로는 카리브 해, 서쪽으로는 태평양, 북쪽으로는 니카라과, 남쪽으로는 파나마와 인접해 있다.

타라주(Tarrazu)는 코스타리카의 주요 커피 산지로 해발 1200~1700m이며 재배되는 커피는 모두 아라비카 품종이다. 별명은 '허니 커피'(honey coffee). 코스타리카 특유의 miel(영어로 'honey'란 뜻) 방식으로 가공 생산된다고 하여 이러한 이름이 붙었다. 이 정제 방식은 커피 체리의 단맛을 최대한으로 살려 가공하기 때문에 일명 '허니 프로세싱'(Honey Processing)이라고도 부른다.

허니 프로세싱

허니 프로세싱(Honey Processing)은 원두를 점액질 있는 상태에서 자연 건조시키는 방법이다. 한 시간마다 원두를 뒤집으면서 고르게 말려야 점액층의 열매 향과 당분이 콩 안으로 충분히 흡수된다. 탈수 후에는 나무 용기에 넣어 발효시킨다. 이런 방식으로 처리된 커피이기 때문에 단맛이 극대화되고, 아울러 커피가 식어도 깊고 달콤한 향을 간직하고 있다.

코스타리카 커피의 감정 평가 제도는 과테말라와 비슷하여 재배 고도를 기준으로 결정한다. 해발이 높을수록 커피 원두의 품질이 좋기 때문에 최상급의 커피는 과테말라와 똑같이 'SHB'(Strictly Hard Bean)라고 부른다. SHB는 일반적으로 해발 1500m 이상에서 재배되는 커피다.

흥미로운 사실이 하나 있다.

코스타리카에서 커피는 매우 중요한 산업이다. 커피 무역으로 얻은 수입은 코스타리카의 정치, 경제, 사회 등에서 큰 비중을 차지하기 때문에 커피의 품질을 나라에서 엄격히 관리한다. 그래서 아라비카 품종만 재배하도록 법적으로 규제하고 있다. 로부스타 품종은 코스타리카 내에서 '금지 품목'으로 정해져 있어서 재배 자체가 불법이다.

엘살바도르

Salvador

엘살바도르
별명: 파카마라

엘살바도르는 '커피 4대 영 파워'
의 막내다. 가난한 집안 출신인 데
다가 어려서부터 변고가 많아 하는
수 없이 집안을 떠나 있기도 했다.
하지만 다시 집으로 돌아와 커피
산업을 일으켜 세우려는 마음만은
한 번도 꺾인 적이 없었다.

버본
Bourbon

어릴 때
할아버지께서
말씀하셨지…

파카마라
Pacamara

파카마라와 버본
엘살바도르 특유의 변종 커
피가 있는데 바로 '파카마라'
(Pacamara)이다. 버본(Bourbon)
이 어느 날 갑자기 파카스(pacas)
로 변했다가 이어서 다시 마라고
지페(maragogype)와 섞여 파카
마라 품종이 되었다. 결론적으로
파카마라는 버본 혈통의 1/4을
지니고 있는 '혼혈'인 셈이다.

버본은 엘살바도르에서 가장 많은 생산량을 차지하고 있다. 산미가 과테말라의 안티구아만큼 뛰어나지는 않지만 초콜릿처럼 진한 바디감을 간직하고 있다. 파카마라는 선명한 산미와 향기를 지니고 있으며 생산량이 적어서 최근 들어 많은 주목을 받고 있다.

과테말라, 코스타리카와 마찬가지로 엘살바도르 커피 역시 해발 고도를 기준으로 등급을 매긴다. 해발이 높아질수록 커피 품질이 좋다.

세 등급

SHG(strictly high grown) = 고지대(1200m 이상)

HGC(high grown central) = 중간 고지대(700~1000m)

CS(central standard) = 저지대(500~590m)

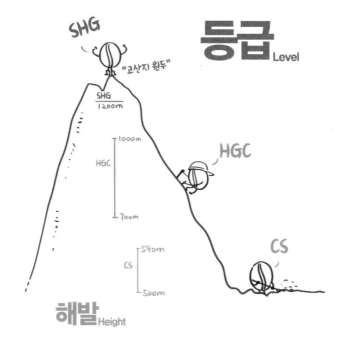

★★

Chapter 2

아 프 리 카

커피나무가 최초로 자라난 땅

커피의 발원지, 아프리카

"아프리카의 수사자, 커피의 시조!"

커피는 그야말로 하늘이 아프리카에 내리신 위대한 선물이 아닐까!

커피의 발원지

양떼와 그 주인 칼디의 이야기를 기억하는가? 양치기 칼디는 우연히 양떼에게서 붉은색 열매를 발견한 후 열광적으로 춤을 추었다. 그때부터 이 신기한 열매는 점차 전파되어 오늘날까지 전 세계에 영향을 미치고 있다.

그렇다! 이곳은 바로 커피나무가 최초로 자라난 땅, 커피의 발원지 에티오피아다!

또한 이곳은 아라비카 품종의 원산지이자 세계에서 가장 오래된 커피 소비국이다. 에티오피아인은 최초로 커피를 물에 넣고 끓여 마셨다. 그후 지중해 연안 및 아라비아 지역으로 전파되었고, 그 이름도 당당한 터키 커피는 바로 이렇게 탄생되었다.

★ 아라비카 원산지　　　　　　　★ 터키 커피의 원조

에티오피아는 명실상부한 커피 대국이다. 커피 생두 품종이 3500종을 넘을 뿐만 아니라 천혜의 커피 생장 환경을 지니고 있다. 해발 1100~2300m의 고지대는 커피 재배에 매우 적합하며, 커피 농업에 종사하는 인구가 전체 인구의 20%인 1500만 명에 달한다. 에티오피아 최대 수출 품목 역시 커피다. 전체 수출량의 35~40%를 차지한다. 동시에 생산한 커피의 30~40%는 자국인이 소비한다.

그러니 여러 측면에서 살펴봤을 때 "에티오피아 = 커피"라는 등식이 성립한다고 해도 과언이 아니다. 에티오피아는 커피의 또 다른 이름이다.

이르가체페

이르가체페는 에티오피아에서 가장 유명한 커피 산지다. 커피 원두는 크기가 조금 작지만 아로마가 일품이며 세련됐다. 레몬과 같은 밝은 산미, 꽃내음, 벌꿀 같은 달콤함을 지녔을 뿐 아니라 온화한 과실과 오렌지 류의 향미가 있다. 바디감이 산뜻하고 환하다.

해발 700–2100m에 위치한 작은 시골 마을인 이르가체페는 예로부터 비옥한 땅이었다. Yirgacheffe라는 이름은 'yirga'(안정되다)와 'cheffe'(비옥한 땅)의 합성어로 '안정되고 비옥한 땅'이란 뜻이라고 하니, 이 얼마나 함축성이 풍부한 이름인가!

과연 이르가체페 원두의 풍미가 최고라는 사실이 알려지자 에티오피아 커피농들은 서로 앞다투어 이 지역에서 커피를 재배하기 시작했고, 그리하여 아프리카에서 가장 이름난 커피 산지가 되었다.

이르가체페 하라

Coffee Sisters

이르가체페 외에도 에티오피아에는 하라(Harrar), 시다모(Sidamo), 리무(Limmu) 등 유명한 산지가 많다. 특히 이르가체페와 하라는 에티오피아의 '자매꽃'이다.

샤워 중인 이르가체페
Washed Yirgacheffe

아프리카의 수자원이 상대적으로 부족하기 때문에 에티오피아는 전통적으로 자연 건조 가공 방식으로 가공한다.
그러나 워시드 방식으로 가공한 커피가 비교적 높은 가격에 수출할 수 있기 때문에 커피농들은 정부의 지원에 힘입어 워시드 설비를 대량 도입하였다. 이로 인해 현재는 워시드 방식을 많이 쓰고 있다.

케냐

Kenya

"용맹한 아프리카의 수사자"

사람들이 케냐를 용맹한 아프리카의 수사자라고 부르는 이유는, 첫째 이곳에서 생산되는 커피가 강렬한 향미와 산미를 지니고 있기 때문이고, 둘째 케냐가 아프리카에서 가장 신뢰받고 앞서 가는 커피 생산 시스템을 갖추고 있기 때문이다.

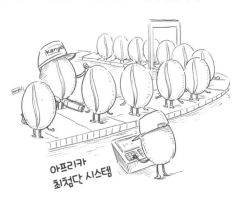

아프리카
최첨단 시스템

오늘날 케냐의 커피 재배나 품질 제도는 영국의 식민 지배 당시 영국인들이 기초를 세운 것이며, 이후 케냐가 독립한 후 정부가 더욱 보완하고 개선한 것이다.

케냐는 북쪽으로 아라비카 품종의 원산지인 에티오피아와 인접해 있다. 그러나 20세기 초에 이르러서야 비로소 커피 재배 산업에 뒤늦게 뛰어들기 시작했다. 19세기에 선교사가 예멘에서 아라비카 나무를 들여왔지만 대량 재배로 이어지지는 못했다. 그러다 1893년에 브라질 터줏대감 버본 커피 종자가 들어오면서 대규모 재배가 시작되었다. 케냐 커피는 브라질 혈통을 이어받은 셈이다. 그러나 수질, 토양, 기후, 처리 방식의 차이 때문에 케냐와 브라질 커피는 서로 많이 다르다.

17의 굴레
SeⅠEN

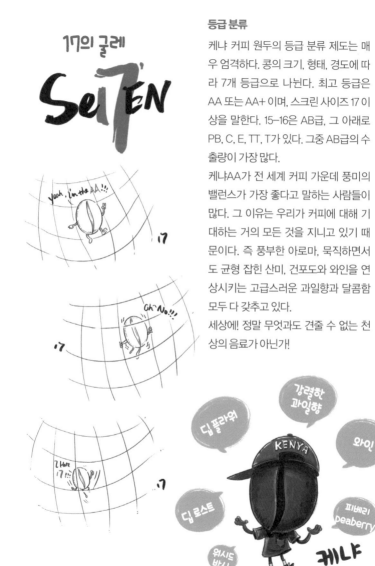

등급 분류

케냐 커피 원두의 등급 분류 제도는 매우 엄격하다. 콩의 크기, 형태, 경도에 따라 7개 등급으로 나뉜다. 최고 등급은 AA 또는 AA+ 이며, 스크린 사이즈 17 이상을 말한다. 15–16은 AB급, 그 아래로 PB, C, E, TT, T가 있다. 그중 AB급의 수출량이 가장 많다.

케냐AA가 전 세계 커피 가운데 풍미의 밸런스가 가장 좋다고 말하는 사람들이 많다. 그 이유는 우리가 커피에 대해 기대하는 거의 모든 것을 지니고 있기 때문이다. 즉 풍부한 아로마, 묵직하면서도 균형 잡힌 산미, 건포도와 와인을 연상시키는 고급스러운 과일향과 달콤함 모두 다 갖추고 있다.

세상에! 정말 무엇과도 견줄 수 없는 천상의 음료가 아닌가!

케냐는 1937년부터 매우 전통적인 경매 제도를 시행하고 있는데 바로 '화요 경매'다. 케냐 정부는 커피 산업을 적극적으로 지원하고 있다. 케냐에서 커피나무를 벌목하거나 훼손하는 것은 불법이다. 모든 커피 원두는 먼저 정부 산하기관인 케냐 커피이사회(CBK: Coffee Board of Kenya)에서 구매한다. 구매한 원두에 감정, 등급 평가를 시행하고 난 후 매주 화요일 경매에 붙인다.

CBK는 커피 샘플을 수집하고 그것을 구매상에게 각각 나누어주는 중간 역할만을 한다. 구매상들이 먼저 가격과 품질을 판단하고, 예상되는 낮은 가격을 정한 후에 경매장에서 입찰에 응하도록 하는 것이다. 품질을 우선시하는 독일인과 북유럽인은 케냐 커피를 장기적으로 구매한다.

르완다와 탄자니아

형님, 올해는 뭘 심으셨나요? 홍차 맛이 끝내주는데 좀 마셔 봐요!

올해는 로부스타를 좀 심으려는데 분명 잘 자랄 거야!

에티오피아와 케냐 같은 아프리카의 대부호와 비교해서 르완다와 탄자니아 같은 농민 형제는 자신만의 소박한 '텃밭'이 있다. 소규모 생산이 특색인데 약 95%의 커피가 소규모 텃밭에서 나온다. 또한 아라비카 품종도 재배하고 카네포라(로부스타) 품종도 재배한다.

재미있는 것은 생산하는 커피의 대부분이 국내에서 소비되지 않고 국외로 수출된다. 탄자니아 국민들은 커피 대신 주로 홍차를 마신다.

영원하라, 아프리카!

유구한 커피 역사와 더불어 한결같이 전해지는 좋은 평판에 이르기까지 아프리카가
전 세계 커피 시장에서 차지하는 비중은 매우 크고 중요하다.
이런 말이 있다.
"신이 커피라는 선물을 아프리카에 내려주셨다면, 아프리카는 이 선물을 전 세계에
나눠주었다."

★★★

Chapter 3

커피 할리우드

무비스타 빈(bean)
초대형 커피스타들의 경연장

"커피로 가득한 이곳. 초대형 무비스타들의 경연장! 사방에 그윽한 아로마가 가슴 속에 파고드는 곳!"

바로 이곳은 커피의 할리우드!

커피의 유명인사들이 한자리에 모여 있다. 이제부터 커피 월드의 할리우드에 대해 이야기해보려고 한다. 세계 각지에서 온 커피스타들을 자세히 살펴보고 각 산지의 커피 유명인사를 점검해보자!

자메이카의 블루 마운틴

블루 마운틴 커피는 커피 할리우드의 '최우수 남자 주연배우'이다. 말론 브란도(Marlon Brando)가 세계 영화 팬의 마음속에 영화 황제로 굳건히 자리매김하고 있는 것처럼, 블루 마운틴은 그야말로 커피의 '대부'라고 할 수 있다.

블루 마운틴 커피는 자메이카에서 생산된다. 이곳의 우수한 생장 환경이 커피 대스타를 탄생시켰다.

블루 마운틴은 자메이카 동부에 위치하며 카리브 해로 둘러싸여 있다. 자메이카 섬에 강렬한 태양이 비추면 섬 전체가 푸른 바다처럼 보인다고 해서 이곳의 최고봉을 블루 마운틴이라고 부른다. 블루 마운틴은 해발 2256m이며 비옥한 화산 토양, 오염 없는 맑은 공기, 습윤한 기후, 풍부한 안개와 강수량 등 커피 재배에 적합한 조건을 두루 갖추고 있다. 이 때문에 세계적인 명성의 블루 마운틴 커피를 배출해낼 수 있었다.

블루 마운틴 커피는 커피의 단맛, 신맛, 쓴맛 이 세 가지가 가장 잘 조화된 커피다. 굉장히 그윽하고 균형감 있는 아로마에 풍부한 과일과 견과류의 향을 머금고 있어서 쓴맛이 약하다. 또 적당하고 나무랄 데 없는 새콤달콤한 맛이 일품이어서 가히 완벽한 커피라고 할 수 있다.

블루 마운틴 원두는 입자가 꽉 차 있어서 미디엄 로스팅 방식을 사용하면 그 풍미를 최대한 잘 살릴 수 있다. 그밖에 카페인 함량이 낮아서 다른 커피의 절반 정도다. 현대인의 건강한 식습관 문화에도 잘 맞는 커피라고 볼 수 있다.

자메이카 커피 역시 엄격히 분류하여 등급을 매긴다. 대체로 블루 마운틴, 하이 마운틴, 일반 자메이카(자메이칸) 커피 세 종류로 나뉜다.

★ 블루 마운틴 커피

블루 마운틴(Blue Mountain Coffee)

보통 해발 1600m 이상의 블루 마운틴 지역에서 지배되는 커피다. 주로 존 크로우(John Crow), 세인트 존스 피크(St. John's Peak), 모스만스 피크(Mossman's Peak), 하이 피크(High Peak), 블루 마운틴 피크(Blue Mountain Peak) 등 5개 산악 지대에 분포되어 있다.

블루 마운틴 커피는 1호와 2호 두 종류의 등급으로 나눈다. 1호는 NO.1 피베리(peaberry)로 '펄 빈'(pearl bean)이라고도 불린다. 해발 2100m에서 생산되는 원두 중에서도 가장 엄격히 골라낸 작은 입자의 피베리이므로 명품 중의 명품이다.

★ 하이 마운틴 커피

하이 마운틴(High Mountain Supreme Coffee Beans)

자메이카 블루 마운틴 지역 450-1500m 구간에서 생산되는 커피를 하이 마운틴 커피라고 한다. 블루 마운틴 다음 가는 커피이며, 업계 종사자들은 블루 마운틴의 형제라고도 부른다.

블루 마운틴의 생산량이 적기 때문에 자메이카 풍미의 커피를 맛보고 싶은 이들에게 추천한다.

★ 자메이칸

자메이칸(Jamaica Prime Coffee Beans)

자메이칸은 블루 마운틴 산맥 이외의 지역에서 생산된 커피를 말한다. 생산지가 해발 250–500m 지역이라 고도나 위치 면에서 블루 마운틴과 크게 차이가 나기 때문에 일반적으로 블루 마운틴 커피 그룹에 포함되지 않는다.

블루 마운틴 커피는 지리적 위치, 생장 환경, 채취 조건 등의 요구 조건이 지극히 까다롭다. 그 결과 생산량이 매우 적어서 언제나 900톤 이하에 머문다. 일본은 1960년대부터 지금까지 자메이카 커피 산업에 막대한 지원을 하고 있다. 따라서 블루 마운틴 커피의 대부분은 일본이 장악했으며 우선 구매권도 갖고 있다.

블루 마운틴 커피의 90%는 일본에 팔린다. 단 10%만 일본을 제외한 다른 나라들에 제공되므로 가격과 상관없이 늘 공급이 부족하다. 다시 말해 일본을 제외한 전 세계에서 매년 90톤의 커피만 소비할 수 있다는 뜻이다. 이러니 아무 때나 편하게 카페에 들어가 단돈 몇 천 원 내고 쉽게 마신다는 건 꿈도 꾸기 어렵다!

코나 커피

코나
Kona

블루 마운틴 커피가 영화의 황제라면 하와이 코나 커피는 커피계의 오드리 헵번이다. 말 그대로 한 시대를 풍미한 '최우수 여자 주연배우'다.

이렇게 말하는 이유는 하와이 코나 커피가 완벽한 외모를 지니고 있고 열매가 꽉 찼기 때문이다. 더구나 반짝반짝 선명한 윤기마저 감돈다. 그래서 사람들은 '세계에서 가장 아름다운 원두'라고 부른다.

★ 하와이의 태양과 미풍 속에서 걸어 나오는 여신

코나 커피의 우수한 품질은 재배에 적합한 지리적 위치와 기후에서 기인한다.

하와이 섬 마우나 로아(Mauna Loa) 화산 서쪽 기슭 약 30km 길이에서 재배되는 코나 커피는 중남미 카리브 해 지역의 커피와 비슷한 특색을 지녔다.

원두가 모두 화산 위에서 성장하고 고밀도의 인공 배양이 이루어지기 때문에 호강받고 자라났다고 할 수 있다.

코나 커피는 대단히 진한 아로마와 견과류의 풍미(Flavor)를 지니고 있다. 와인과 과일이 혼합된 산미, 부드러운 바디감, 입술 부근의 잔향… 신선한 코나 커피는 그야말로 천상의 커피다. 만일 인도네시아 커피가 너무 중후하다고 생각되는 분, 아프리카 커피의 신맛이 별로 맞지 않는 분, 남미 커피가 호탕해서 꺼려지는 분이 있다면 코나를 가장 이상적인 배필로 고려함이 어떨지!

코나 커피가 당신을 '음미' 그 이상의 경지로 이끌어 독특한 쾌감을 선사한다. 이는 가장 오래된 아라비카 커피나무에서 비롯된 것이다.

코나 커피는 19세기 초 선교사 사무엘 레버렌드 러글러스(Samuel Reverend Ruggles)가 브라질산 커피나무를 하와이에 처음 들여온 것이 그 시작이다. 이 나무는 최초 에티오피아 고원에서 자라난 아라비카 커피나무의 후손이다. 다시 말해 코나는 정통 아라비카 혈통의 커피인 셈이다.

코나 커피는 가장 높은 등급의 코나 엑스트라 팬시(KONA EXTRA FANCY), 그다음 코나 팬시(KONA FANCY), 코나 프라임(KONA PRIME)의 순으로 나뉜다. 오리지널 코나 커피는 하와이의 빅 아일랜드에서 생산되는데 약 1400헥타르 정도의 면적에서만 나오기 때문에 생산량이 매우 적다. 시판되는 대부분의 코나 커피는 순수 하와이 코나 함량이 5% 정도이고, 나머지는 다른 커피로 채워진 '코나 블렌드'(Kona Blend)인 경우가 많다. 오리지널 코나 커피는 매우 귀해서 판매가가 블루 마운틴 가격에 육박한다.

커피계의 '최우수 주연 남우'와 '최우수 주연 여우'만큼이나
시선을 사로잡는 '남자 조연배우'를 소개하겠다.
쿠비타 커피는 쿠바 출신으로 일찍이 유망주로 데뷔했다.
애칭은 '카리브 해의 해적', '쿠바의 건달'!

쿠비타 커피는 카리브 해 동부 고산지대인 크리스
털 마운틴에서 재배되는 아라비카 품종으로, 원두
의 크기가 크고 성숙도가 높으며 워시드 방식으로
가공된다. 카리브 해 스타일의 독특한 풍미를 지니
고 있으며, 신맛과 쓴맛의 조화가 잘 잡혀 있는 가
운데 단맛도 머금고 있다. 또한 알맞은 중후함에 깔
끔한 과일향을 유지한다. 그러나 만델링, 케냐AA,
하라 같은 촉망 받는 '신인'들이 배출되면서 쿠비타
는 차츰 밀려나고 마는데….

골든 만델링은 '아시아 챔피언', '커피 상남자' 등
굵직굵직한 멋진 별명을 갖고 있다.
인도네시아 커피는 수마트라에서 생산되는데
주요 산지는 자바 섬, 슬라웨시 섬, 수마트라 섬
이다. 주목할 만한 점은 이 지역 커피의 90%가
로부스타 품종이고 만델링만 아라비카 품종이
라는 점이다. 골든 만델링은 중후하고 묵직한 바
디감, 아로마, 쓴맛, 단맛이 잘 조화되어 있으며,
약간의 카라멜 향과 흙내음도 포함하고 있다. 쓴
맛이 비교적 강하기 때문에 산미가 거의 없다.
마실 때 일종의 강렬함이 느껴진다고 하여 '남성
의 커피'라고 부른다. 최근 몇 년 사이 골든 만델
링은 명성이 급속도로 높아졌고 유럽과 미국인
들 사이에서 팬층이 두터워졌다. 결국 쿠비타 커
피의 기세를 압도해버렸다.

케냐AA

케냐ＡＡ는 할리우드 영화 〈아웃 오브 아프리카〉(Out of Africa, 1985)에서 떠들썩하게 그 이름을 알리며 등장했다가 정말 뉴 스타가 되어버렸다.

성숙한 외형, 우수한 혈통, 경이로운 바디감 등 일류 커피스타로 발돋움하기에 매우 유리한 조건을 갖춘 케냐AA는 '최우수 남자 조연배우' 부문의 유력한 배우다.

게이샤

커피계에서 그 누구보다 화려하고 아름다운 '최우수 여자 조연배우' 게이샤는 커피 애호가에게서 '가장 섹시한 커피', '라틴 여신'이라는 찬사를 듣는다. 최고 품질의 게이샤는 파나마에서 생산되기 때문에 '파나마 여왕'이라고도 불린다. 강렬한 꽃향기, 열대 과일과 견과류의 향 그리고 깊은 단맛을 지니고 있어서 정말 특별한 커피다. 게이샤 역시 에티오피아 커피의 고귀한 혈통을 지니고 있어서 명문 귀족에 속한다. 최근 '최우수 주연 여자배우'에 노미네이트되어 '수상자'의 자리를 노리고 있다.

이르가체페 커피는 커피 애호가에게 '대중적인 연인'이다. 마치 미국의 유명 여배우 셜리 템플(Shirley Temple)과 같은 이미지다. 그녀를 캐스팅하면 결코 후회하지 않듯이! 이르가체페는 체형이 왜소하지만 감미로운 아로마가 일품

Shirley *Yirgachette*

이며 달콤하면서도 세련됐다. 이 '에티오피아 공주'는 천 년 동안 워시드 방식의 아라비카 전통을 계승해왔고, 약한 로스팅이 지니는 특유의 레몬향과 꽃향을 듬뿍 담고 있다.
온화한 과일 산미와 감귤의 맛, 깔끔하고 밝은 바디감 역시 사람들에게 사랑받는 요소다. 우유나 설탕을 넣지 않아도 풍부한 질감과 부드러운 꽃향이 당신의 미각을 충분히 만족시킬 것이며, 무궁무진한 뒷맛을 남겨줄 것이다.

"가장 맛있는 커피는 없다. 단지 자기 입맛에 맞는 커피가 있을 뿐!"

평판 좋고 연기력 뛰어난 커피스타는 이 외에도 많다. 또한 재능 있고 끼 있는 '신인'들이 당신 같은 커피스타 스카우터의 발굴을 기다리고 있다.
결론적으로 말해 "천 명의 독자 눈 속에 천 명의 햄릿이 존재한다"라는 누군가의 말처럼 백 명의 커피 마니아 입속에 백 가지 커피 맛이 존재하는 건 당연한 일 아닐까!

Who is your favourite Coffee Star?

PART

FOUR

비욘드
커피

Story of Coffee

커피 Coffee Q&A

"이런 질문을 하는 커피 입문자들 꼭 있다!"

"블랙커피를 마시면 올리처럼 얼굴이
까매지나요?"
나 올리는 원래 까맣다. 걱정하지 말고
마셔라. 하루에 수십 잔을 마셔도 피부
가 검게 변하지는 않는다. 내가 까만 것
은 커피를 마셔서가 아니라 원래 이렇
게 생겨먹은 거다. 이게 다 일러스트레
이터가 날 이렇게 그려서… 하소연할
데도 없고 참….
또 이런 질문을 하는 사람도 있다. "드립
포트 들고 추출할 때 자꾸 손이 떨려요.
어떡하죠?"
비결을 알려드리겠다. 헬스장에 가서
트레이닝에 힘써라. 나처럼 탄탄한 몸
을 만들면 절대 손을 떨지 않을 거다.
아무튼 여전히 많은 사람들이 비슷한
질문들을 던질 것이다.
이제부터 커피에 대한 기본적인 질문에
답해 드리겠다. 우리 다 함께 커피의 신
비한 세계로 들어가 지금까지 잘 알려
지지 않은 여러 즐거움을 체험해보자.

★

Chapter 1

카페인이란?

카페인

무궁무진한 매력을 선사하는

커피의 요소, 카페인

카페인은 커피에서 가장 중요하고 대표적인 성분이다. 카페인 덕분에 커피의 풍미가 살아 있고 사람들이 커피에 열광하는 것이다.

카페인은 커피 원두뿐만 아니라 찻잎에도 있으며 흥분, 각성, 이뇨 등의 작용을 한다.

보통 120ml의 인스턴트커피는 60~100mg의 카페인을 함유하고 있다. 30ml의 이탈리아 에스프레소 한 잔에 들어 있는 카페인 함량과 비슷하다. 참고로 120ml 홍차 속에는 10~30mg의 카페인이 들어 있다.

따라서 커피의 카페인 함량은 차보다 높으며 모든 커피 중에서 이탈리아 에스프레소 커피의 카페인 농도가 가장 높다.

"원두의 로스팅에 따라 카페인 함량이 달라지는가?"

로스팅을 강하게 할수록 카페인 함량이 낮아진다고 생각하는 이들이 더러 있다. 강하게 볶으면 원두 속의 수분이 대량으로 빠져 나가고 카페인도 낮아진다는 주장이다. 맞는 말이다. 그러나 간과한 것이 있다. 카페인이 감소하는 동시에 콩 자체의 밀도와 무게도 함께 줄어든다는 사실이다. 그 결과 똑같은 용량의 커피를 추출할 때 강하게 로스팅한 원두는 약하게 로스팅한 원두보다 더 많이 필요하다. 따라서 강한 로스팅이든 약한 로스팅이든 카페인 함유율은 변하지 않는다.

deep roast   light roast

"아라비카 품종과 로부스타 품종의 카페인 함량은 다른가?"

카페인 챔피언십

그렇다. 둘의 체격은 비슷하지만 로부스타가 좀 더 다부져 보이는 것처럼 카페인 함량 역시 아라비카보다 많다. 이는 원두 크기의 문제만은 아니다. 품종이 다르기 때문에 카페인의 함량도 다른 것이다.

디카페인

Decaf isn't coffee?

No, I'm coffee too!

디카페인

"세상에나! 지금 디카페인 말씀하시는 거예요? 그 갈색 나는 물이요?"

디카페인

Bean TV

어떤 사람은 커피를 좋아하기 때문에 커피의 모든 것을 사랑하는가 하면, 또 어떤 사람은 커피를 사랑하지만 그 풍미만 사랑하기 때문에 디카페인(decaf)이라는 것을 만들어냈다. 일반 커피의 카페인 함유량은 1~5%인 데 반해 디카페인의 카페인 함유량은 0.3% 이하이다. 디카페인 커피 한 잔의 카페인은 5mg을 넘어서는 안 된다. 현재 카페인을 제거하는 방식은 크게 두 가지가 있다. 물로 제거하는 방식과 이산화탄소로 제거하는 방식이다.

물로 제거하는 방식은 커피 생두를 먼저 고온의 물에 한참 담가둔 후 활성탄을 이용하여 카페인을 흡수해버리는 것이다. 이 방법의 디카페인 커피 원두는 풍미의 손실이 적기 때문에 널리 사용되고 있다. 이산화탄소 처리는 이산화탄소의 온도를 낮춰 액체와 기체의 중간인 '초임계' 상태로 만들어 생두를 넣으면 생두에서 카페인만 빠진다. 그러나 이 처리 방식은 비용이 많이 들기 때문에 보급률이 낮다.

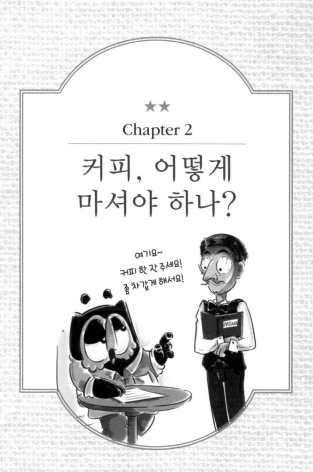

★★
Chapter 2

커피, 어떻게
마셔야 하나?

여기요~
커피 한 잔 주세요!
좀 차갑게 해서요!

올리는 '편하게 마시자' 주의자다.

하지만 이왕 누군가 규칙을 세웠다면

한번 알아볼 필요는 있지 않을까.

커피 예절

사실 어떻게 마시든 상관없지만 그래도 테이블 예절에 대해 알아보자. 오랜 역사와 전통을 지닌 레스토랑이나 카페에 갔을 때 예의에 벗어난 행동을 하지 않기 위해서라도!

커피와 함께 티스푼, 일회용 설탕, 프림을 낸다. 티스푼은 손님 쪽에, 스푼 손잡이가 손님의 우측에 오도록 한다.

설탕을 넣을 때 커피의 중심부에 살살 쏟아붓는다. 여기저기 흘리지 않도록 주의한다.

설탕을 넣으면서 동시에 티스푼으로 젓지 않는다.

티스푼은 최대한 커피 잔 벽에 부딪히지 않도록 젓는다. 소리 방지 및 커피 잔을 보호하기 위함이다.

주의: 다 젓고 난 티스푼을 커피 잔에 계속 담가두어서는 안 된다.

커피 잔 받침의 다른 편에 두어야 실례가 안 된다.

주의: 커피 잔을 들 때 손가락으로 손잡이 전체를 감아쥐어서는 안 된다.

엄지와 검지를 이용하여 손잡이를 가볍게 꼭 잡고 잔을 들어 올린다.

커피 매너는 일종의 예절이자 호감을 나타내는 태도다. 또한 공공장소에서 일반 대중에 의해 인정된 규칙이기도 하다. 그렇지만 특정한 장소가 아닌 경우 구속받을 필요는 없다. 편안하고 자유롭게 즐기자!

★★★

Chapter 3

블랙 커피와
화이트 커피

블랙 커피와 화이트 커피 중

어떤 것이 더 맛있을까?

싱글 오리진은 커피 베리에이션을

'괴짜'라고 부른다!

블랙 커피와 화이트 커피

"블랙으로 마셔야 진짜지!
화이트 커피에는 우유가 들어 있다고!"

사실 블랙 커피와 화이트 커피에 관한 의견은 사람이나 장소마다 다르기 때문에 딱히 정답은 없다. 일반적으로 블랙 커피는 이탈리안 커피 이외의 설탕이나 우유를 첨가하지 않은 여과식 커피를 말한다. 에스프레소를 블랙 커피라고 부르지 않으며 라테나 카푸치노 등도 화이트 커피라고 부르지 않는다. 반면 아메리카노는 블랙 커피에 속한다. 우리가 흔히 화이트 커피라고 부르는 것은 블랙 커피에 설탕, 우유 또는 프림 등을 첨가한 커피를 말하며 사실 일본인이 쓰는 표현이다.

또 화이트 커피는 특별히 말레이시아 화이트 커피를 지칭하는 것이다. 케인 슈가(cane sugar: 사탕수수로 만든 설탕)가 들어간 3종 혼합 원두를 저온 로스팅하여 가루로 만든 후 물에 타서 마시는 저지방, 저카페인 커피다. 무지방 크리머를 첨가하여 커피의 쓴맛과 떫은맛을 최소화했다.

따라서 말레이시아 화이트 커피는 커피라고 하기보다는 커피 음료에 좀 더 가깝다.

"싱글 오리진, 섬세하게 맛보세요!
커피 베리에이션은 커피 음료일 뿐이에요!"

싱글 오리진(또는 단품 커피)은 원산지에서 생산된 단일 품종의 커피 원두를 침출하거나 여과하는 방식으로 추출한 순수 커피를 말한다. 설탕이나 우유를 첨가하지 않고, 산지마다 서로 다른 커피의 풍미를 음미하면서 마신다.

싱글 오리진의 원산지는 주로 아프리카, 라틴 아메리카 및 동남아 지역에 집중 분포되어 있다. 예를 들면 아프리카에서는 에티오피아의 이르가체페, 케냐의 케냐AA, 라틴 아메리카에서는 자메이카의 블루 마운틴, 파나마의 게이샤, 콜롬비아의 나리뇨, 동남아에서는 인도네시아의 만델링 등이 우리에게 익숙한 싱글 오리진이다.

커피 베리에이션

커피 베리에이션으로 말하자면 많은 이들이 이탈리안 커피와 혼동한다. 라테, 카푸치노 같은 것들만 베리에이션 커피라고 생각하는데 꼭 그런 것만은 아니다. 커피 베리에이션란 커피라기보다는 일종의 커피 음료 같은 것이다. 즉 향신료나 다른 음료, 예를 들면 우유, 초콜릿 시럽, 술, 차, 크림 같은 것들이 첨가된 커피를 말한다.

비교적 유명한 커피 베리에이션으로 아이리쉬 커피가 있다. 커피에 위스키와 생크림을 넣는다.

비엔나 커피도 유명하다. 커피 위에 진한 휘핑크림과 초콜릿을 얹고 기호에 따라 형형색색의 레인보우 스프링클을 토핑한 것으로, 특색 있는 풍미를 즐길 수 있다.

누군가가 이런 말을 했는데, 나 역시 공감한다.
"블랙 커피든지 화이트 커피든지 자기가 좋아하는 커피가 맛있는 커피다.
싱글 오리진이든 베리에이션이든 즐겁게 마시는 것이 가장 중요하다."
그러니 뭐가 더 좋다 나쁘다 너무 따지지 말고, 당신이 즐겁게 마시면 그만인 거다!

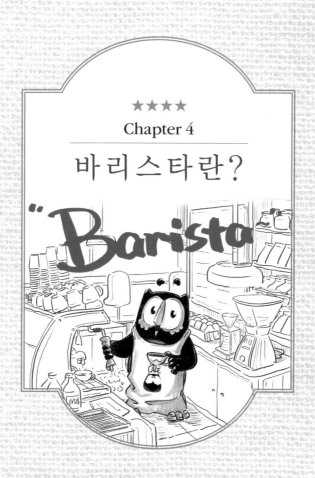

★★★★

Chapter 4

바리스타란?

"음~ 바리스타, 바리스타!"

"그런데 바리스타가 뭐지?"

바리스타라는 단어는 이제 우리에게 익숙하다. 아마 전문적으로 커피를 만드는 제조사라고 알고 있을 것이다. 사실 바리스타는 커피 제조사라는 뜻만 있는 것은 아니다.

유럽의 카페에서 손님들이 이렇게 말하는 것을 들을 수 있다. "음… 바리스타!" 정말 맛 좋은 커피를 칭찬할 때 이렇게 감탄한다.

아무튼 1990년경부터 영어에서 Barista라는 단어를 사용하여 에스프레소 커피와 관련 음료를 만드는 전문가를 일컫기 시작했고, 오늘날 커피 제조사의 명칭이 되었다.

WBC란?

"뭐? WC(화장실)?" "WBC? 세계권투평의회?"

WBC는 세계권투평의회(World Boxing Council)의 약자가 틀림없다. 하지만 월드바리스타챔피언십(World Barista Championship)의 약자이기도 하다. 물론 세계 커피 제조사 간의 '복싱 왕 선발전'으로 간주해도 무방하다.

매년 1년에 한 번씩 열리는 WBC는 50개국에서 각각의 예선과 본선을 거쳐 참가자

격을 얻은 전문 바리스타가 한 자리에 모여 세계 1위를 놓고 겨루는 대회로, 15분 내에 엄격한 기준에 맞춰 에스프레소 4잔, 카푸치노 4잔, 시그니처 음료(자신만의 창작 메뉴) 4잔 즉 총 12잔을 만든다. 그런 다음 세계 각지의 커피협회 심사위원들이 매 작품의 맛뿐만 아니라 청결, 창의성, 기술, 프레젠테이션까지 모든 분야를 포함해 점수로 환산한다.

1차 경연에서 상위 12명이 준결승에 진출하고, 이후 준결승에서 상위 6명이 결승에 진출해 그해 단 한 명의 월드바리스타챔피언 자리를 놓고 겨루게 된다.

혹시 바리스타가 되고 싶은가?
조언을 드리자면, 훌륭한 바리스타는 기술만 월등해서는 안 된다. 일종의 '필' (feel)이 있어야 한다!

올리의
커피교실

Story of Coffee

★

Chapter 1

핸드 드립

"가장 맛있는 커피는

자신이 직접 내려 마시는 커피다!"

HARIO V60

드립 서버 + V60 합성수지 드립퍼 + 1.0L 드립 포트

V60 원색 여과지 + 수동 분쇄기

"가장 맛있는 커피는 자신이 직접 내려 마시는 커피다!"라는 말은 정확하게 맞는 말이다. 왜냐하면 자신의 입맛은 자기 자신이 가장 잘 알기 때문이다. 자기 입맛에 알맞게 손수 내린 커피야말로 세상에 단 하나밖에 없는 맞춤형 커피 아니겠는가. 그렇다면 이제부터 다 함께 핸드 드립 커피 한 잔을 만들어보자.

먼저 핸드 드립 커피 도구 한 세트가 필요하다. 우리는 일본 브랜드인 하리오(Hario) V60 세트를 사용하여 만들고자 한다. 물론 멜리타(Melita), 칼리타(Kalita), 고노(Kono) 등 기타 브랜드도 참고하기 바라며, 여기서 일일이 그 특성을 다 언급하지는 않겠다.

원두 계량

먼저 자신의 커피 잔 용량에 맞춰 원두를 잰다.

그다음 입맛(농도)에 따라 커피 원두의 중량을 조정한다. 아래 그림은 주로 사용하는 커피 잔과 그에 따른 커피의 용량이다.

그런데 올리는 어느 날 우연히 Fish Eye(중국 커피 전문점) 사의 '이진얼량'(一斤二两: 600g을 뜻함) 머그컵을 보고, 순간 어찌해야 할지 몰라 당황했다. 커피콩들조차 땀을 삐질삐질 흘렸다는….

표준 커피 잔 200ml   10-12g

이케아 머그컵 350ml   15-18g

Fish Eye
이진얼량 머그컵

189

원두 분쇄

자, 체력 단련 시간이다. 분쇄! 만일 아침에 눈뜨자마자 커피를 마신다면 그야말로 새벽 댓바람부터 체력을 단련하는 아주 좋은 방법이 되겠다.

여기서 우리는 중간 입자를 사용한다.

물론 3잔, 4잔 또는 더 많은 양의 원두가 필요하다면 아마 녹초가 될지도….

그다음, 92도의 뜨거운 물을 드립 포트에 붓는다.

사실 방금 끓인 뜨거운 물을 포트에 붓고 잠시 기다리면 대략 92도가 된다. 이 기다리는 시간을 이용하여 커피 여과지를 잘 접어놓으면 온도가 딱 맞을 거다.

여과지 접기

매우 간단하다. 여과지를 평평하게 한 후 접는 선에 따라 잘 접어주면 OK!

한 번 접는다

가지런히
잘 눌러준다

시계 방향

여과지를 드립퍼 안에 넣고 뜨거운 물
로 여과지를 적셔준다(이 과정을 '린싱'
이라고 부른다).
린싱은 종이 냄새를 걸러내고 드립 서
버와 잔을 예열하는 효과가 있다.

여과지 린싱 후 드립 서버 예열한 물을
커피 잔에 부어 또다시 예열한다.

분쇄한 커피 담기

분쇄한 중간 입자의 커피가루를 드립퍼 안에 넣는다. 이때 커피가 평평하게 담기도록 한다. 정교한 손놀림이 필요하다.

그다음 재미있는 동작이 필요하다. 손가락을 이용하여 평평한 커피가루 표면에 작은 구멍을 뚫어준다. 그 이유는 나중에 설명하겠다.

물론 당신이 이런 행동을 한다 해도 뭐라 할 사람은 없을 것이다. 내가 여러분의 속내를 다 꿰뚫어본 것인가! 크크…

추출

이제부터 '구멍 속'으로 물을 붓기 시작한다. 구멍을 뚫은 이유는 물줄기가 '활주로'를 통해 빠져 나가면서 커피가루와 충분히 접촉할 수 있도록 하기 위함이다. 나는 이 구멍을 '커피 활주로'라고 부른다.

커피 활주로

커피 추출은 연애와 비슷하다. '가늘게 천천히!' 결코 조급하게 굴어서는 안 된다. 추출도 마찬가지다. 가느다란 물줄기를 'ⓔ'자형 방식으로 중심부에서 바깥쪽으로 원을 그리며 천천히 부어 커피가루를 다 적시면 1차 물 붓기가 끝난다.

명심하자! 1차 물 붓기에서 물을 가득 부어서는 절대 안 된다. 커피가루가 다 적셔질 정도면 딱 좋다. 그러고 나면 커피가루 표면이 팽창하는데 마치 스폰지처럼 부풀어 오른다. 우리는 이것을 '커피 산(山)'이라고 부른다.

커피 산

뜸들이기
30-40초

이제 커피 원두를 시험해볼 때가 왔다. 원두가 신선할수록 '커피 산'이 더 높게 만들어진다. 물론 절대적인 것은 아니다. 커피 원두의 세부 품종과 로스팅 정도에 따라 다르다. 강한 로스팅일수록 '커피 산'도 높아진다.

이 과정을 '뜸들이기'라고 하는데 물과 커피가루가 충분히 접촉하도록 30-40초 동안 기다린다. '커피 산'이 사라지면 2차 물 붓기를 시작한다.

2차 물 붓기

2차 물 붓기 역시 'の'자형 방식으로 중심부에서 바깥쪽으로 원을 그리며 진행한다. 물론 이 또한 '가늘게 천천히'를 잊어서는 안 된다. 물의 양은 드립퍼 전체의 60~70%가 적당하다. 여기서는 표준 커피 잔을 기준으로 하니까 한 컵이 200ml라고 보면 된다.

만일 350ml짜리 이케아 머그컵이라면 물의 양은 드립퍼 전체의 70~80% 정도가 적당하다. 전 과정에 소요되는 시간은 대략 3분쯤 된다.

그러나 만일 200ml나 350ml를 두 잔씩 추출한다면 3차 물 붓기까지 진행해야 한다. 방법은 2차 물 붓기와 동일하며 물의 양을 어느 정도 할 것인지도 2차와 마찬가지다. 소요시간이 더 걸리는 것은 물론이다.

이어 드립퍼를 서버에서 분리하고, 커피 잔에 담긴 예열용 뜨거운 물도 따라버린다.
그다음 커피포트를 살짝 흔들어주면서 방금 추출이 끝난 커피가 충분히 섞이도록 한 후 커피 잔에 따른다.

드디어 세상에 단 한 잔뿐인, 오직 당신만을 위한 커피가 탄생하였다!

★★

Chapter 2

프렌치프레스

커피 오일을 풍부하게 함유하고 있는

프렌치프레스 커피

앞서 말한 것처럼 '프렌치프레스'를 발명한 사람은 이탈리아인이고, 가장 먼저 보급한 사람이 프랑스인이다.

이탈리아인은 커피와 관련된 분야에서 능력이 출중한 것 같다. 아주 훌륭한 도구를 발명했기 때문이다. 프렌치프레스를 이용하여 만든 커피와 핸드 드립으로 추출한 커피를 비교했을 때 가장 큰 차이점은 원두에 포함된 커피 오일이 풍부하다는 점이다.

프렌치프레스는 커피의 풍미를 최대한 살리고 그윽한 맛을 더해준다. 반대로 맛없는 커피는 더 맛없어진다.

먼저 프렌치프레스가 있어야 하는데 이번에는 보덤(Bodum)으로 시범을 보일까 한다. 물론 여러분은 하리오(Hario), 비알레티(Bialetti), 임프레스(Impress), 티아모(Tiamo) 등 다른 브랜드를 선택해도 상관없다. 그다음에 분쇄기, 적당량의 원두, 커피 스푼, 드립 서버, 커피 잔이 있으면 된다.

커피 잔 예열

뜨겁게 끓인 물을 프렌치프레스와 커피 잔에 부어 예열한다. 거의 모든 커피 제조 방식에서 가장 먼저 하는 일이다. 별것 아닌 것처럼 보이지만 당신의 커피를 더욱 맛있게 만드는 매우 중요한 단계다.

원두 분쇄

커피 잔이 예열되는 동안 원두를 분쇄
해보자! 주의할 점은 핸드 드립용보다
조금 거칠게 갈아야 한다. 프렌치프레
스의 금속 재질 여과망은 여과지만큼
충분히 여과해내지 못하기 때문에 커피
원두 입자가 고우면 커피가루가 여과망
을 빠져나가고 만다.

조금 거친 입자

핸드 드립 커피를 소개할 때 사용했던
계량과 비슷하게 하면 된다. 다만 프렌
치프레스로 커피를 제조할 때 주의할
점은 조금 긴 시간 동안 커피가루가 물에 잠겨 있어야 하기 때문에 여과지로 거를 때
와 같은 양의 커피가루를 넣으면 커피의 농도가 훨씬 진해진다.
따라서 자신의 입맛에 맞게 커피가루를 적절히 증감하여 계량하는 것이 좋다.

원두 넣기

커피 스푼으로 커피가루를 프렌치프레스 안에 넣는다. 커피 스푼이나 티스푼을 이
용하여 커피가루를 넣는 것은 커피가루가 프렌치프레스 바닥에 수직으로 떨어지면
서 최대한 평평하게 잘 깔리도록 하기 위해서다. 커피가루가 기구 벽면에 붙으면 커
피의 추출과 맛에 영향을 준다.

커피가루와 물의 계량 비율

10g + 200ml = 1잔 (200ml)

15g + 350ml = 1머그컵 (350ml)

물 붓기

먼저 1차 물 붓기를 진행한다. 1차에서는 물의 절반만 붓는다. 이 과정에서 주둥이가 좁은 주전자 대신 넓은 주전자를 사용한다. 물줄기가 굵어야 순간적으로 많은 양의 커피 거품과 오일을 추출해 낼 수 있고 그래야 맛도 좋아지기 때문이다. 또한 이때 원두가 신선할수록 추출되는 거품과 커피 오일이 많아진다.

First
fill up
half way

이제 1분 동안 커피가루와 물이 충분히 어우러지기를 기다린다.

1분 후, 2차 물 붓기를 진행하는데 이번에는 물을 가득 붓는다. 그리고 프렌치 프레스의 뚜껑을 덮는다. 이때, 유의할 점은 뚜껑 위의 손잡이가 들어 올려져 있는 채로 덮어야 한다는 것이다.

Second
fill up
full

들어
올린다

뜸들이기
3분

뚜껑을 잘 덮은 후 3분간 뜸 들인다.

3분간 기다리면서 플랭크(Plank)를 해도 좋다. 반드시 나처럼 정확하게 몸을 널빤지 모양으로 버티는 '표준' 자세를 취할 것!

추출

3분 후, 커피를 추출한다. 이때, 뚜껑에 달린 손잡이를 천천히 아래쪽으로 눌러준다. 주의할 것은 누를 때 너무 빠르거나 세게 누르면 안 된다. 여과망이 기울어지지 않도록 손잡이를 수직 방향으로 유지하면서 서서히 눌러준다. 여과망이 기울어지면 커피가루가 빈틈으로 올라올 수 있다. 커피 맛에 영향을 주는 것은 물론이다.

너무 힘을 주면
뚜껑이 기울어질 수 있다.

커피 잔에 따르기

한 잔의 프렌치프레스 커피가 완성되었다. 소요되는 시간은 대략 4분 정도다.

★★★
Chapter 3
에어로프레스

커피의 진한 매력에 빠지고 싶다면
에어로프레스

에어로프레스(AeroPress), 사실 나는 맨 처음에 이 녀석을 별로 안 좋아
했다. 아무리 봐도 너무 이상하게 생겼다. 무슨 우주 비행선처럼 생긴
게 커피와는 전혀 상관없어 보였기 때문이다. 사용해보고 난 후의 느낌
을 객관적으로 말한다면, 에어로프레스만의 장점은 분명 있다.
이제부터 에어로프레스를 사용하여 커피 한 잔을 만들어보자.

So you ready?
Let's go !

압축기
③

도킹 준비 완료

2호실
②

도킹 준비 완료

1호실
①

먼저 당신의 '우주 비행선'을 '이륙' 모드로 조정하려면 어린 시절 레고 조립하던 열정을 되살려 내야 한다.
만약 어렵다면 설명서를 펼쳐라!

그다음, 14-20g의 중간 입자 커피가루를 준비한다. 커피가루가 너무 고우면 물과 맞닿는 표면적이 넓어져 압축기를 누르는 데 힘이 든다. 물론 양은 입맛에 따라 적당히 증감한다.
그러고 나서 '우주 비행선'에 '연료'를 공급한다. 14-20g의 커피가루를 넣는다.

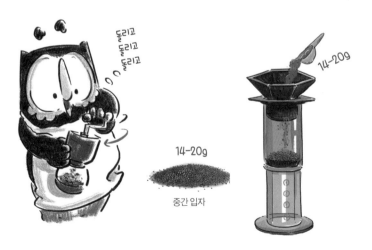

돌리고
돌리고
돌리고

14-20g

14-20g
중간 입자

섭씨 92도

1차 물 붓기, 커피가루 위로 올라오지 않을 만큼 부으면 된다.
그다음 '노'를 들어 젓기 시작한다. 이 과정을 미국에서는 Stir~Stir~라고 한다.

2차 때 물을 가득 붓는다. 그리고 1분간 뜸 들인다.
뜸 들이는 시간 동안 여과지에서 여과지를 꺼내 여과망 뚜껑 위에 장착하고 온수로
적셔준다.

그다음 '비행선 개폐기'를 닫는다. 여과망 뚜껑을 덮고 꽉 잠근 후 '비행선'을 커피 잔 위에 거꾸로 올려놓는다. 왼쪽 그림처럼 준비를 마치고 '발사'하면 된다.

자, 압축기를 천천히 아래로 움직이면서 완전히 내리누른다. 이때 천천히 힘을 주어야 하며 너무 세게 압력을 가해서는 안 된다. 또한 테이블 면과 수직 방향으로 유지해야 공기와 압력이 새어 나가는 것을 막을 수 있다. '우주선'이 조금 날다가 추락하기를 바라는 사람은 없을 테니까!

압력을 가하는 시간은 20초를 넘지 않아야 하고 최대한 한 번에 추출을 끝마쳐야 한다.

주의: 압력을 가할 때 한 손으로는 컵을 잘 잡고, 다른 한 손으로 압축기를 천천히 누르길 권한다.

에어로프레스 앞에서 허세를 부릴 필요는 없다. 안 그러면 불상사가…

어허, 난 분명 미리 말씀드렸다고요!

펑!

'비행선'이 하늘로 올라가면 당연히 '추진체'를 떼어버려야 한다. 추출이 끝난 후 아랫부분의 거름망 뚜껑을 열어서 커피 찌꺼기를 제거한다.

한 판 붙고 싶으신 분, 있나요?

마침내 한 잔의 에스프레소가 만들어졌다. 사실 미국인만이 에어로프레스로 추출한 진한 커피 액을 에스프레소 커피라고 부른다. 실제로 이것과 이탈리안 커피의 에스프레소는 큰 차이가 있다.
난 커피 농축액이라고 부르고 싶다.

형님~
잘 좀 맞출 순 없어요?

윽··· 본론으로 돌아가자!

MiLK

커피 농축액을 그대로 마셔도 되고 기호에 따라 뜨거운 물이나 우유를 첨가해도 된다.
하지만 나 올리는 원액 그대로 마실 것을 권한다. 그래야 에어로프레스로 추출한 커피의 특징, 즉 풍부한 커피 오일 그리고 커피가루와 압력이 형성한 커피 방울의 매력을 몸소 느낄 수 있기 때문이다.

Chapter 4

모 카 포 트

복고적이면서 근사한 분위기의

모카 포트

<제 4강>

모카 포트

복고적이면서 묘한 분위기를 담고 있는 모카 포트(mork pot)는 개인적으로 매우 좋아하는 커피 기구다. 이 기구를 사용하여 추출한 에스프레소는 풍부한 황금색 오일을 듬뿍 담고 있으니 그 꽉 찬 풍미를 어찌 이루 다 말로 표현할 수 있으리오!

앞서 말했듯이 모카 포트 중에서 가장 유명한 브랜드는 비알레티(Bialetti)이며, 이는 이 기구를 가장 최초로 발명한 사람의 이름이기도 하다. 그래서 비알레티로 모카 포트의 사용법을 알려 드릴까 한다.

먼저, 다 함께 모카 포트의 구조와 원리에 대해서 알아보자.

기본 원리는 압력을 가한 뜨거운 물을 커피 층에 통과시켜 여과식보다 매우 빠르게 커피 액을 추출하는 것이다.

모카 포트는 위, 아래 두 부분(A와 C)으로 나뉘어져 있다. B는 커피가루를 담는 여과기(필터)다. 이중 먼저 C에 깨끗한 물을 담는다. B에는 커피가루를 가득 채운 후, 표면을 평평하게 잘 눌러주고 나서 C 위에 올려준다. 그다음 A를 그 위에 올려놓고 서로 꽉 조인다. 이어서 가스레인지 밸브를 돌려 불을 켜준다. 그러면 C 안에 담긴 물이 고온으로 데워지면서 압력이 생긴다. 끓어오른 물은 위쪽에 있는 B로 올라가고, 압력을 지닌 뜨거운 물이 빠른 속도로 B에 담긴 커피가루를 통과하면 진한 커피 액이 A로 추출된다. 이것이 바로 모카 포트의 기본 원리다.

espresso
에스프레소

Coffee
커피가루

Water
물

Fire
불

Ⓐ

Ⓑ

Ⓒ

MOKA Express

기본 원리를 이해했다면 이제 주의사항을 하나씩 알려 드리겠다. 먼저 하부 포트(Ⓒ)에 깨끗한 물을 담는다. 가정에서 쓰는 정수된 물이면 된다.

주의할 점은 하부 포트에 물을 담을 때, 반드시 압력 밸브 아래까지 담아야 한다. 그렇지 않으면 가열 후 끓는 물이 수증기를 분출하여 불필요한 위험을 초래할 수 있다. 그다음엔 한 잔에 30ml(solo shot)로 할지 60ml(double shot)로 할지 정한 후 필요한 물의 양을 측정한다. 너무 많아도 너무 적어도 안 된다. 하루 종일 겨우 에스프레소 한 잔 만들고 싶지는 않을 테니까 말이다. 일반적으로 double의 4인분이나 6인분을 추출하니까 240ml나 360ml 정도가 적당하겠다.

안전
밸브

하부 포트
Ⓒ

Ⓑ
필터
바스켓

하부
포트
Ⓒ

그다음 커피를 필터(Ⓑ)에 담아 하부 포트(Ⓒ)에 끼워 넣는 과정이다. 커피가루를 넣을 때 분량은 제조방법에 따라 적절히 가감하는데 일반적으로 1잔에 7~10g이 필요하다. 개인 입맛에 따라 조절할 수 있다.

가루를 다 채운 후 포트 주변에 커피가루가 묻지 않도록 잘 닦는다. 추출에 영향을 줄 수 있기 때문이다.

Hey boy.
Hey girl.
Here we go!!!

이 과정에서는 고운 입자의 원두가
필요하다. 반자동 에스프레소 머신
에 사용되는 커피가루보다 입자가
아주 조금 굵은 정도다.

고운 입자

Ⓐ
상부
포트

하부
포트
Ⓒ

이어서 상부 포트(Ⓐ)와 하부 포트(Ⓒ)를
잘 끼워 맞춘다. 이때 상부 포트 안의
압력 밸브에 하자가 없는지 잘 살펴보
아야 한다. 가열시 생기는 문제를 예방
하기 위해서다.
모카 포트를 가스레인지나 인덕션 위
에 올려놓는다. 가열 속도가 충분해야
수증기가 잘 발생하여 커피를 추출할
수 있다. 중간불보다 조금 더 강한 불에
가열할 것을 권한다.
만일 집안에서 사용하는 가스레인지
화구가 너무 크다면 레인지용 걸쇠(일
명 '사발이')를 하나 장만해서 사용하기
바란다.

이제부터 가스레인지를 켜고 가열을
시작한다. 화력은 중강(中强) 정도로,
3–4분가량 기다리면 된다.

레인지용 걸쇠

이 시간에 커피 잔을 예열해도 좋고, 우유 거품을 내어도 좋다. 아니면 나처럼 '얌전하게' 기다리시든가….

15..16.17…

Here we go!

(헐… 너 지금 얌전하게 기다리고 있는 거 맞니?)

물의 온도와 압력이 추출하기 적합한 조건에 다다르면 '치직' 소리가 나는데 증기 압력에 의한 물줄기가 필터 B를 통과하여 상부 포트 A로 올라가는 소리다. 이 소리가 보글보글 기포 소리로 변하면 추출이 완료됐다는 뜻이고, 상부 포트 A에 이미 에스프레소가 가득 차 있을 것이다.

뚜껑을 열고 직접 눈으로 확인해도 괜찮다. 기포가 보인다면 증기와 커피 액의 생성은 이미 멈춘 것이다. 추출과정을 마쳤으니 이제 마실 준비를 하자.

명심할 것은 모카 포트를 들어 올릴 때 오븐 장갑을 끼거나 천을 대고 잡아야 한다. 방금 가열된 모카 포트는 매우 뜨겁다. 아무 생각 없이 직접 손으로 잡으면 절대 안 된다!

**자~ 이제 당신만의
모카 에스프레소
타임을 누려라!**

★★★★★

Chapter 5

사이펀

진공식 추출, 사이펀 커피

맛의 정밀함을 구현하다

사이펀(syphon)은 '진공식 추출'이라고도 하며 과거 '베큠 브루어'(Vacum Brewer)라고 불렸다. 이 기구의 기원에 대해서는 사람들마다 의견이 분분하다. 독일, 스코틀랜드에서 프랑스까지… 하지만 어쨌든 유럽인 것은 틀림없는 것 같다. 가장 믿을 만한 의견은 영국인이 화학 실험용 시험관을 모델로 하여 만든 진공식 포트가 최초의 사이펀이라는 주장이다. 이후 프랑스인이 개량하여 오늘날의 모습을 갖추었다고 한다.

그런데 오늘날 세계 여러 나라 가운데 사이펀 커피가 가장 각광받는 곳은 일본이다. 사이펀 커피를 마시려면 대도시의 속도감 있는 생활과는 반대로 상당한 시간과 정성이 요구되고 숙련된 기술 또한 필요한데, 아마도 인내심과 의지력이 강한 일본인에게 맞아떨어진 측면이 있는 것 같다.

사실 적지 않은 사람들이 사이펀 커피를 좋아하는 이유는 왠지 마치 커피 실험실에서 제조해낸 듯한 맛의 정밀함이 느껴져서가 아닐까.

사이펀의 원리를 간단히 설명하면 이렇다. 물을 가열한 후 발생되는 수증기가 열 팽창과 열 수축을 일으켜 하부 구체(플라스크)의 뜨거운 물을 상부 플라스크로 보내고, 하부 플라스크 냉각 후 상부 플라스크에 있는 물을 다시 내려보내는 것이다. 어떤가? 전체 추출과정이 실험과 비슷하지 않은가!

이제부터 '커피 실험'을 펼쳐보이겠다. 먼저 아래 그림과 같은 도구들을 준비한다.

끓인 물

가열

점화

물 붓기

먼저 하부 플라스크에 물을 붓는다. 끓인 물을 붓는 이유는 좀 더 신속하게 끓어오르도록 하기 위함이다. 시간을 조금 절약할 수 있다.

점화

알코올램프에 불을 붙여 하부 플라스크에 열을 가한다.

상부 플라스크 조립

가열하는 동안 상부 플라스크에 여과망을 장착한다. 여과망을 여과천이나 여과지로 덮는다. 그런 뒤 여과망을 상부 플라스크의 상단 부분에서 안쪽으로 넣고, 유리 실린더를 통해 내려온 스프링 끈을 당겨, 유리 실린더 끝부분에 후크를 걸어 고정한다.

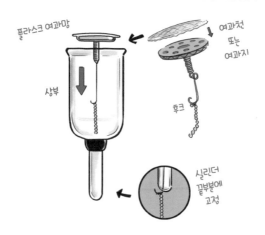

플라스크 여과망

여과천
또는
여과지

상부

후크

실린더
끝부분에
고정

손을 이용하여 밖으로 나온 스프링 끈을 살
살 잡아당기면서 여과망을 상부 플라스크
중앙 부분에 고정시킨다. 이때 가장자리에
틈이 생기지 않도록 각별히 신경 써야 한다.
하부 플라스크에서 올라온 물이 상부 플라
스크로 유입되면 그 안에서 '야단법석'이 벌
어졌다가 가열이 끝나 온도가 내려갈 때 상
부 플라스크의 커피 찌꺼기가 하부 플라스
크로 따라 내려갈 수 있기 때문이다.
이때, 여과망이 중심부에 제대로 위치할 수
있도록 젓는 막대기로 살짝 쳐주면 좋다.

하부 플라스크의 물이 끓어오를 때까지 상
부 플라스크는 비스듬히 꽂아두어야 한다.
이는 첫째, 상부 플라스크를 예열하는 목적이 있다. 둘째, 상부 플라스크를 수직으로
하부 플라스크에 꽂으면 물의 온도가 낮은 상태에서 수증기가 갑작스럽게 위로 올
라와 원두의 좋지 않은 맛까지 추출될 수 있고, 또 잘못하면 급격한 온도차로 인해 플
라스크가 파손될 수도 있기 때문이다. 그러니 하부 플라스크의 물이 서서히 기포를
생성하며 끓어오르면 그때 상부 플라스크를 똑바로 세워 고정시킨다.

비스듬히
꽂는다

똑바로
세운다

끓어
오른다

원두 넣기

하부 플라스크의 물이 상부 플라스크로 역류하기 시작할 때, 위쪽의 물 높이가 물 전체 양의 2/3가 되면 커피가루를 넣기 시작한다. 더욱 균일하게 커피를 추출하기 위함이다.

먼저 상부 플라스크에 커피가루를 넣은 다음 가열한 하부 플라스크에 꽂고 추출하는 방법도 있다. 두 가지 방법 다 통용되는데, 올리는 나중에 커피를 넣는 방법을 선호한다. 커피를 먼저 넣으면 아름다운 '커피 산'을 볼 수 있긴 하지만…

커피 넣기

총량의 2/3

안전히 역류되기 전

1차 젓기

2차 젓기

1차 젓기

하부 플라스크의 물이 전부 다 위로 역류했을 때 1차 젓기를 시도한다.

이때 너무 세게 저으면 커피에서 떫은 맛이 나니 조심한다. 천천히 몇 바퀴 저어주면 된다.

2차 젓기

40초 경과 후 2차 젓기를 한다. 이때도 살살 저어준다.

램프 뚜껑 덮기

알코올램프 분리

순류

순류

가열을 마치고, 온도가 내려가면 상부 플라스크에서 추출된 커피 액이 여과망과 실린더를 통과하여 서서히 하부 플라스크로 다시 내려간다. 이렇게 추출이 끝났다.

상부 플라스크 분리

위에 있던 커피가 완전히 아래로 내려갈 때까지 기다린 후 상부 플라스크를 천천히 분리한다. 이때, 반드시 앞뒤로 살살 돌려가며 조심히 분리한다. 고무 밸브 주변의 공기가 밖으로 빠지면 분리가 쉽다.

상부 플라스크 분리

고무 밸브

앞뒤로 살살 돌리기

커피 잔에 따르기

하부 플라스크의 커피를 커피 잔에 따르면 완성!

우리가 사용한 '나중에 커피 넣기' 방법이 '먼저 커피 넣기' 방법보다 추출시간이 덜 걸린다. 우리는 40초가량 걸린 반면, 먼저 넣는 방법은 1분가량 걸린다.

커피를 먼저 넣는 것은 하부 플라스크의 물이 서서히 끓어올라 위쪽의 커피가루를 밀어내는 방식이므로 일종의 느린 추출이다. 반면 나중에 커피를 넣는 방법은 이미 위로 올라온 끓는 물속에 넣는 것이므로 커피가루가 물과 닿는 그 순간이 바로 실제 추출 순간이다. 따라서 시간이 덜 걸리고 커피 또한 좀 더 순수하다.

Dr. Olly

학생 여러분, 화학 수업은 여기까지입니다. 잘 배우셨나요?

★ ★ ★ ★ ★ ★

Chapter 6

터키 포트
이브릭

천년의 맛
오리지널 터키 커피를 위해

오늘날 마시는 커피의 기원은 터키(튀르키예) 커피에서 출발한다. 터키 커피는 가장 원초적인 커피 맛을 지니고 있을 뿐만 아니라 아라비아의 가장 오래된 추출법을 보존하고 있다. 맨 처음에는 생두를 달여서 마시다가 나중에 생두를 볶은 후 분쇄하여 끓여내는 방식으로 변했지만 그럼에도 커피의 가장 오리지널한 맛을 간직하고 있다. 터키 포트 이브릭 (ibrik)은 가장 최초의 커피 기구 중 하나로 몇 세기 동안 천하를 주름잡았다. 지금부터 터키 포트를 사용하여 한 잔의 진한 오리지널 터키 커피를 만들어 드리겠다.

젓는 막대

Turkish Coffee

레인지용 걸쇠

물

카르다몸(소두구)

터키 커피가루

회향(팔각)

다음과 같은 기구를 준비한다.

먼저 터키 포트 이브릭(ibrik)이 필요하다. 주로 동으로 제작되지만 스테인리스 재질도 있다.

판매용 터키 커피 파우더, 판매용 커피가루를 추천하는 이유는 원두를 밀가루 입자처럼 분쇄하기가 어렵기 때문이다. 더구나 강한 로스팅 원두를 구하기도 쉽지 않다.

소두구와 회향(팔각), 개인적 취향에 따라 선택적으로 넣으면 된다. 단 오리지널 터키 커피에는 이런 것이 반드시 들어가야 한다. 그밖에 물, 젓는 막대, 레인지용 걸쇠 등이 필요하다.

전통적인 터키 커피는 이브릭을 모래가 담긴 숯불 위에 올려 끓이지만 가정에서 할 수 없는 방식이므로 가스레인지나 휴대용 버너 등으로 대체한다.

Turkis Styl

먼저 이브릭에 물과 터키 커피가루(10g의 가루 +120ml의 물 = 1인분)를 넣는다. 이때 물은 상온 수이거나 찬물이어야 한다. 주의할 점은 먼저 물을 넣고 난 후에 커피를 넣어야 한다.

그다음 기호에 따라 적당량의 흰 설탕을 넣는다. 앞서 말한 것처럼 터키 커피는 설탕을 얼마나 넣느냐에 따라 sketos(쓴맛), metrios(약간 단맛), glykos(단맛) 세 종류로 나뉜다.

설탕을 넣는다면 가열 전에 넣어야 한다. 찬물에서 설탕이 녹을 때까지 저어준다. 그다음엔 입맛에 따라 소두구와 회향을 넣는다. 향료가 충분히 퍼지도록 잘 저어준다. 물론 소두구와 회향이 기호에 맞지 않으면 넣지 않아도 된다. 솔직히 말해 나 역시 맨 처음 마실 때 '화아~하게 톡 쏘는' 향에 거부감이 좀 있었다. 이제 이브릭을 가스레인지 위에 올려놓고 중간불로 가열한다.

일정한 시간이 지난 후 커피가 보글보글 끓어오르기 시작하면 이브릭을 가스레인지에서 내려 놓는다. 이때 가이마키(kaimaki) 라는 거품이 서서히 위로 올라 오는 것을 볼 수 있다.

거품이 가라앉기를 기다렸다가 이브릭을 다시 가스레인지에 올려 가열한다. 이브릭 안의 커피가 재차 끓어올라 거품이 생기면 또다시 내려놓는다. 이 과정을 세 차례 반복한다.

세 차례의 반복이 끝나면 이브릭을 내려놓고 커피가 가라앉기를 기다렸다가 잔에 따라 붓는다. 이때, 이브릭 속 가장 밑바닥에 남아 있는 찌꺼기는 그대로 포트 안에 남겨두는 게 좋다.
이렇게 한 잔의 걸쭉한 터키 커피가 완성되었다!

커피가 아주 걸쭉하군~

끝으로, 터키 커피를 마시고 난 후에 즐기는 놀이를 잊지 말라! 잔 속에 남아 있는 커피 찌꺼기로 당신의 가까운 미래 운세를 점쳐볼 것!

★★★★★★★★
Chapter 7

베트남 포트

프랑스식 여과 방법을 개량한

베트남 포트, 카페핀

<제 17강>

베트남 포트
카페핀(Cafe Phin)

카페핀

베트남 포트는 일명 카페핀(Cafe Phin)이라고 부른다. 프랑스식 여과 방법을 개량하려 만든 커피 추출 기구의 일종이다.

이제부터 '카페핀'을 사용하여 커피를 내려보자.

먼저 베트남 포트 '카페핀', 연유, 강하게 로스팅한 베트남 커피 원두를 준비한다. 베트남 커피 원두를 추천하는 이유는 앞에서도 언급했다시피 베트남인들은 원두를 로스팅할 때 버터나 식물성 기름을 첨가하기 때문이다. 따라서 커피 지방 함량이 높고 맛과 향이 풍부하다. 만일 베트남 커피 원두를 구하기 어렵다면 강하게 로스팅한 원두로 대체해도 무방하다. 로스팅 등급이 최소한 '프렌치 로스트' 등급은 되어야 한다. 올리는 딥 로스트 중에서도 이탈리안 로스트를 추천하는데 지방 성분 함유량이 상대적으로 높기 때문이다.

시작하기에 앞서 카페핀(Cafe Phin)의 구조를 살펴보자.

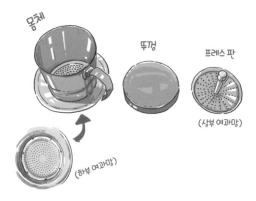

나사를 풀어 프레스 판 제거

첫 단계, 포트의 뚜껑을 연다. 몸체 중앙에 있는 나사를 풀어 프레스 판을 분리한다.

이어서 적당량의 커피가루를 넣는다. 일반적으로 15g의 커피에 240ml의 물을 넣는데 필요에 따라 조절 가능하다.

조금 거친 입자

카페핀의 여과망이 촘촘하지 않기 때문에 커피 입자가 너무 고와서는 안 된다. 고운 커피가루는 여과망을 통과해 잔 속으로 흘러 들어간다. 그러므로 우리는 약간 거친 입자의 커피가루를 사용한다.

중간 프레스 판 덮기

나사를 돌려 눌러주기

프레스 판을 덮고 나사를 조인다. 프레스 판을 느슨하게 누르느냐 꽉 조이느냐에 따라 여과 속도와 커피 농도가 결정된다.
보통 조이는 정도가 적당하면 여과 속도는 3~5분 정도이나, 느슨한 경우 대략 10분까지 걸린다. 커피의 농도 또한 더 진하고 쓴맛이 강해진다.

연유 첨가

연유를 첨가하는 것은 베트남 커피의 특징이다. 원두를 강하게 로스팅했기 때문에 커피의 쓴맛이 강하다. 그래서 연유의 단맛으로 커피의 쓴맛을 중화시키는 것이다.

92도 물 붓기

장착이 끝난 카페핀을 커피 잔 위에 올려놓고 92도의 뜨거운 물을 부어준다. (15g의 커피＝240ml의 물)

3~5min

뚜껑을 덮고 잠시 기다린다. 전체 추출과정에 소요되는 시간은 대략 3–5분이다. 이때, 커피 액이 한 방울 한 방울 포트 아래 부분의 여과망을 통과하여 커피 잔 안으로 떨어지는 것을 볼 수 있다. 이게 바로 중국에서 '띠띠진'이라고 부르는 이유다. (중국어로 '띠띠진'의 '띠띠'가 바로 물방울 떨어지는 소리)

다같이 흔들어요~

Di Da Di~ Di Da Di~
Di Da Di Da Di Da Di~
Di Da Di ......

3-5분 동안 음악에 맞춰 에어로빅이라도 하시든가!

에어로빅을 마치고 돌아와 보면 한 잔의 향기롭고 달콤한 베트남 커피가 당신을 기다리고 있을 것이다.
카페핀을 컵에서 내려놓고, 연유가 잘 섞이도록 스푼으로 저어준 후 마신다.

Postscript
후기

"가장 맛있는 커피는 없다.
단지 자기 입맛에 맞는
커피가 있을 뿐!"

맞는 말이다. 세상에 가장 맛있는 커피가 어디 있겠는가. 아무리 값비싼 커피라 해도 내 입맛에 맞지 않으면 맛있는 커피라고 말할 수 없다. 전문가가 뭐라 하든, 커피 마니아가 무얼 추천하든 크게 개의치 않아도 된다. 내가 마셔서 즐거워야 하고, 내가 마실 때 맛있어야 한다. 무엇보다 그것이 가장 중요하다.

내가 가장 사랑하는 커피에 대한 이야기를, 내가 가장 잘 할 수 있는 표현방식을 통해, 이렇게 한 권의 유쾌한 책으로 엮어낼 수 있어서 매우 기쁘다. 나에게 있어서 이번 창작과정은 커피를 더 깊이 이해하고 공부하는 과정이었으며, 커피 '애송이'에서 커피 '애호가'로 변모하는 과정이기도 했다. 이 과정을 통해, 커피에 대해 잘 몰랐던 많은 사람들이 커피를 사랑할 수 있게 되었다면, 나는 맡은 바 사명을 다한 것이자 개인적으로 크나큰 영광이 아닐 수 없다. 이제 나는 커피를 이전보다 더욱더 사랑하게 되었고, 커피 없는 인생은 상상할 수 없게 되었다. 파우스트가 악마에게 영혼을 넘겼듯이 나는 이미 커피의 신에게 나의 영혼을 넘긴 것일까. 마치 16세기 아라비아의 시〈커피 예찬〉에 나오는 구절처럼 말이다. "아, 커피여! 너는 나의 모든 시름을 잊게 하나니, 사색가들은 꿈속에서조차 너를 마시고 싶어 하는도다."

끝으로 이 책에 대한 나의 입장을 다시 한번 밝히고자 한다.

이 책은 진지한 커피 철학서가 아니다. 취미와 볼거리가 있는, 커피에 대한 넓고 얕은 지식을 다룬 커피 책이다. 그저 재미있는 커피 서적으로 읽는다면 그걸로 충분히 만족한다.